ロボット学者、植物に学ぶ

自然に秘められた未来のテクノロジー

バルバラ・マッツォライ

〔訳〕久保耕司

白揚社

LA NATURA GENIALE

Come e perché le piante cambieranno (e salveranno) il pianeta

Barbara Mazzolai | traduzione Koji Kubo

両親に
リッキーに

ロボット学者、植物に学ぶ　目次

はじめに　避けられないこと　9
1　すべてが始まった場所　17
2　新たな時代のロボット工学　23
スイングバイと協働する精神
モノに革命を起こす自然
3　インスピレーションを探し求める科学者たち　51
自然を模倣する
コアラのうらやましい眠り
動物界
植物界
4　自然の実験室　85

5 進化の謎に挑む動物ロボット 95
ウミガメと進化のミステリー
陸地に進出したサンショウウオ
壁をすばやく登ったり降りたり
6 私たちに似た機械 113
7 植物は隣にいるエイリアン 125
8 ロボット学者、偏見の壁にぶつかる 133
9 見えない運動 141
10 プラントイド　ある革命の歴史 149
11 植物の知能 161
植物における群知能と創発的行動
緑のネットワーク

12 水の力 179
13 よじのぼる植物ロボットを目指して 187
クライミングのプロ
GrowBot 新たな挑戦
おわりに 点と点をつなげる 201
謝辞 211
訳者あとがき 215
原注 227
読書案内 233

ロボット学者、植物に学ぶ

凡例

原注　本文中に注番号を付し、巻末に掲載した。

脚注　本文中に＊付きの脚注番号を付し、各章末にまとめて記載した。
　　＊のみの場合は傍注として提示。

はじめに　避けられないこと

あらゆる旅から、人は学ぶことができる。世界中どこへ行こうとも、
寛大なる自然が模倣すべきものを与えてくれるのだから。
レオナルド・ダ・ヴィンチ

ノートパソコンを開き、画面が明るくなると、私は文字を打ち込み始める。キーボードに置かれた指の奏でる柔らかなタイピング音。それが、隣の部屋から聞こえる、すすぎから脱水に移った洗濯機の騒音と混ざり合う。いい天気なので、これ幸いと庭に自動芝刈り機を走らせる。機械が芝生を刈っているあいだ、私は仕事に精を出す。こうして、日曜日にやらなければならないことが一つ減った。だが、今度は自分の世界に没頭してしまい、友人たちを招いた今晩のディナーの準備をするのをすっかり忘れてしまった。しょっちゅう仕出かす失敗だ。まもなく最初のお客がやってくるだろう。視線をコンピュータの時計に向ける。もうこんな時間だ！

家の中は散らかり放題だし、料理もまだ始めていないのに。パニックを起こしかけるが、いつも頼りになるコンビを見たとたん、気分が落ち着く。そのコンビとは、愛用の掃除ロボットと床拭きロボットのことだ。この二体は完全に自動で、寄せ木張りの床の掃除をこなしてくれる。スイッチを入れるだけで、あとはすべてお任せだ。

ノートパソコン、洗濯機、自動車など、誰もが毎日のように使っているもののほとんどは、ロボットによって製造されている。そうした完全自動の大型ロボットは工場に革命をもたらし、産業発展や技術革新を扱ったテレビのドキュメンタリー番組やニュースで目にすることも多い。

一方、自動芝刈り機や自動床拭き機、自動掃除機もロボットだが、工場のロボットよりも小さく、工場外の環境に完璧に適応したロボットである。NASAが開発した〈キュリオシティ〉と同じようなものだ。このロボットは、火星の過酷な大地を探査し、かつて存在していた、もしくは現存する生命体を探すために開発された。二〇一二年以来、火星のすばらしい映像を私たちに送り届けている。さらには、私がこの文章をしたためているあいだも、海底を探査する自律型ロボットや遠隔操作ロボットの小隊が、地球に存在する別の生態系を調査している。神秘に満ちた深海というこの生態系は、はるかなる大宇宙と同じく、陽の当たる地上の民である人類を魅了してやまない。

こうした補佐役のロボットは、人間をテクノロジーによって拡張したものであり、私たちには足を踏み入れることのかなわない場所にたどりつき、目や腕、足になってくれる。鼻になることだってある。要するにロボットとは、人間の「ある能力」に奉仕する恐るべき（そして、強力かつ精巧な）道具なのだ。人間のあらゆる能力のうちで最も優れ、人間に特有とされてきたその能力とは、発見すること、知ること、理解することへの好奇心である。

しかしよく考えてみれば、私たちは仕事から解放してくれるロボットの到来を長いあいだ待ち望んできたし、今もなお待ち続けている。一般向けの月刊科学誌『サイエンティフィック・アメリカン』の二〇〇七年一月号(1)の表紙にはロボットが登場し、マイクロソフトの創始者ビル・ゲイツの「どの家にもロボットが一体」という未来を告げる言葉が掲載されている。この言葉は、彼が一九七五年に語った「将来には、どの机にも、どの家にもコンピュータが一台ずつ置かれているだろう」という有名な言葉を現代的に言い直したものだ。また、その数年後の二〇一四年三月、イギリスの週刊誌『エコノミスト』(2)は、「ロボットの台頭」を描いたイラストを表紙に掲載して、ロボットと人間が共存する世界が到来すると宣言し、この近未来のシナリオのさまざまな面について論じた。だがそうすると、おのずと疑問がわき上がってくる。本当にそんなふうに、私たちの周りはロボットだらけになるのだろうか？　実際のところ、ミラノ、ニューヨーク、ロンドンなどの大都市であっても、家の中を見回したり、通りに出たりしたとき、どれだけのロボットに遭遇するだろう？　ごくわずかしか見当たらない、というのが実情だ。それでも私は、個人的には、ロボットは本当に必要だと感じている。人間の作業員にとって危険な状況を目にするたびに、つくづくそう思う。例を挙げるなら、地震で崩れた建物の瓦礫の下から生存者を探すときのような、緊急救助が必要な場面。または、環境汚染をもたらす大災害が発生した後に、立ち入り禁止になった工業地域の汚染除去作業をする場合。ここではタイプの異なる二つの例を挙げたが、同様の事態をもっとたくさん列挙することもできるだろう。最初に挙げた例では、今日でもなお、専門の救助隊員が訓練された救助犬とともに作業に取り組んでいる。もしこうした仕事がロボットに任せられれば、どれほど能率が上がり、安全性が増すことだろうか！

また、日常生活の領域でも、ロボットを幅広く利用することができるだろう。例えば、いまだ作業員の手作業で行なわれている町のゴミの収集と処理や、物流の「ラストワンマイル」(最寄りの拠点から最終目的地に商品を移送する、物流の最後の区間)でも使うことができる。だが、いったいどこにロボットはいるのか？　人間の生命の危険を減らすだけでなく、家事を手伝ったり、サポートが必要なお年寄りを助けたりしてくれるはずの自律型ロボットはいったいどこにいるのだろう？

道はまだ遠い。果てしなく長い道のりだ。しかし、もう前進し始めている。ロボットを利用するというこの道はもはや避けて通れないと言っていい。だが、高度な知能をもち、複雑な環境で活動するのに適した体を備え、人間に合うように考えられ整えられた世界とやりとりのできるロボットを設計するには、科学者やエンジニアのさらなる努力が必要だ。

工場の外の環境は変化しやすく、適切に整えられていないので、予測するのが難しい。そうした環境下で活動できる機械を作りたいという声に応えるには、新しいロボット工学（ロボティクス）が必要だ。そのために私たち科学者は、これまでとは違う新しい興味をもって、自然に目を向けている。生物というものは、ダイナミックに変化する環境にうまく反応し、適応するようにデザインされているからだ。したがって、今私たちが開発している新しいタイプのロボットにとって、生物はすばらしいインスピレーションの源になる。私たちは、動物、植物、細菌の形態、振る舞い、さらにはコミュニケーション能力まで、ロボットに取り入れたいと考えている。

このような分野は、バイオインスピレーションもしくはバイオミメティクスによるロボット工学[*1]と呼ばれており、生物学、化学、物理学の基礎原理をもとにしている。この新たな分野の誕生により、生物や、生物と環境との相互作用を観察し研究する方法は変わろうとしている。このロボット工学は、生物やその相互作用の機能を理解し、生物に備わったさまざまなメカニズムを非生物的なシステムに移し替えることを目指している。

先ほど述べたように、人類のあらゆる技術の進歩は、「周囲の世界に対する人間の飽くことのない好奇心を満たす」ためだけに考案され、開発されてきたように思われる。この点で、バイオインスピレーションによるロボットも例外ではなく、最もすばらしい戦略の一つでもある。私たちはこの戦略を用いて、自然がいまだ明かすのを拒み続けている答えをもぎ取るという、最大の目標に執拗に挑んでいるのだ。

だが、この魅力的な学問分野には、別の側面もある。こうしたロボットは、生物の機能のもとにある原理を適切に整理し、単純化することによって開発される。そのため、そうしたロボットを使えば、そのモデルになった生物——ロボット開発の出発点になったり、発想の源であった生物——自体の機能について、仮説を検証することができるのだ[3]。

脊椎動物の二肢を使う泳法は、どのように進化したのか？ なぜ植物の根は先端が成長するのか？ タコの吸盤はどのような仕組みなのか？ ゴキブリは、体の相対的なサイズを考えると、陸上競技の短距離走の選手よりも速く走れるが、それはどうしてなのか？ さらには、これらの問いすべてにおいて、ロボットはどのような役割を担うのか？

生物学とテクノロジーは固く結びつき、知の進歩をもたらす好循環を形成し、終わることなく両分野を前進させていく。この二つの分野の出合いから、人類が環境的に持続可能な未来を思い描けるための、絶好のチャンスが生まれる。

私は読者の皆さんを、まだほとんど知られていないこの世界——生物と、生物を模倣することで生まれた解決策とで作られている世界——へとお連れしよう。旅の終わりに、皆さんが白の女王の前に立ったアリスのように困惑し、「なに言ってるのかよくわかりません。ひどくこんがらがってますよ！」と言うことにならなければいいのだが。

＊1　バイオインスピレーションもしくはバイオミメティクスによるロボット工学は、バイオロボティクスと呼ばれる、より広い研究分野の一部である。聖アンナ高等大学院大学のパオロ・ダリオ教授は、バイオロボティクスを明快かつ的確に定義した。この分野のパイオニアである彼は、バイオロボ２００６で研究報告を行なった際に、その定義を発表した。バイオロボ２００６は、ＩＥＥＥ（電気電子技術者協会）が主催した、バイオメディカル・ロボット工学とバイオメカトロニクスに関する初めての国際会議である。彼が発表した定義は、現在オンライン事典「エンチクロペディア・トレッカーニ」のサイトで全文が公開され、「バイオロボティクス（biorobotica）」という語を詳細に説明している。以下、その一部を引用する。

「バイオロボティクスとは、ロボット工学と生物工学を合体させた、科学的・技術的な新分野である。とりわけ、生物学にインスピレーションを得て、生物医学の分野で応用されるロボットシステムの設計・開発についての科学と技術を指す。この分野はきわめて学際的な特徴をもち、その知識の範囲や応用範囲は、工学の多くの分野、基礎科学や応用科学（特に、医学、神経科学、経済学、バイオテクノロジー、ナノテクノロジー）、さらには人文学分野（哲学、心理学、倫理学）にまでいたる。バイオロボティクスは、二つの異なる観点から理解し研究することができる。一つは、科学としてのバイオロボティクスだ。それは新しい発見を、ひいては新しい知見を生み出し、科学の進歩に貢献する。もう一つは、工学としてのバイオロボティクスであり、新しいテクノロジーを考案し、生み出すために利用される。その目的は、工学的な観点から生物系の機能についての知見を深め（中略）その優れた認識を活用して、革新的な方法論とテクノロジーを発展させることである。そうすればバイオインスピレーションによって、非常に優れた作業ができる（マクロ、ミクロ、ナノサイズの）機械やシステムを設計し、開発することが可能になる（例えば、「アニマロイド」ロボットや「ヒューマノイド」ロボットなど）。また、バイオメディカル分野で使われる、工業生産も可能な機器、特に低侵襲性の手術や治療、リハビリテーションのための機器を開発することもできる」

1　すべてが始まった場所

自然を研究すればするほど、自然の工夫の才と見事な適応が力を高めていくことに強い感銘を受ける。それぞれの役割を通してゆっくりと力を獲得していく自然の工夫の才と適応は、人間の最も豊かな想像力をはるかに凌駕するものだ。

チャールズ・ダーウィン

生物は特別な創造の産物であるというのが、一九世紀初めの共通認識だった。当時の最も偉大な科学者たちの多くは、「創造説」を唯一の真実とみなしていた。創造説とは、神の御業によって世界と生命が誕生したとする哲学的・宗教的概念である。そうした状況において、一八〇九年、ジャン＝バティスト・ラマルクは著書『動物哲学』で、進化に関する最初の理論を提唱し、地球上に最初に存在していたさまざまな生物は、習性や環境の変化に応じて、もともとは異なる体に変わっていったと論じた。このラマルクの理論には、二つの基本原理がある。一つは用不用の原理、もう一つは、獲得形質の遺伝だ。ラマルクの考えによれば、ある器官を絶えず使い続けるなら、その器官は発達するが、使うことがなければ、萎縮したり消滅したりする。そして、そのようにして獲得された形質は子孫に伝えられる、つまり遺伝することがあるというのだ。誰もが、次のようなラマルク理論を習ったことがあるだろう。キリンの祖先は、非常に高い木の枝についている葉を食べるために、首を伸ばすように絶えず努力しなければならなかった。この努力のおかげで少し首が伸び、それが子孫に伝えられ、世代から世代へと受け継がれていくうちに、キリンの首は徐々に伸びて現在の長さになった、というものだ。こうしたラマルクの理論は、二〇〇年以上ものあいだ否定され、まったく真実ではないとみなされてきた。私自身、ラマルク説は単純な仮説の上に組み立てられた素朴な科学の一例だと学校で習ったのを覚えている。

しかしご存じのように、知の改革と前進はどの分野でも、当たり前の考え方から離れて推論し、仮説を立て、行動することによって生まれる。チャールズ・ダーウィンが出版するまでに四半世紀以上もかけた一冊の本には、それまでに考えられたことのない革命的な理論が余すところなく論じられており、科学の考え方を一変させることになった。それが一八五九年一一月に出版された『種の起源』(1)である。この著作でダーウィンは、現存する生物は過去に絶滅した祖先から派生したという、創造説に対立する仮説を提示した。創造説では、あらゆる生物はそれぞれ別々に創造されたとされる。だがダーウィンの考えによれば、自然は何らかの法則(当時はまだ解明されていなかった）に従ってさまざまな変異を生み出し、特定の環境に最も適したものを選択する。人類も先史時代からずっと、このプロセスに関与してきた。人間が家畜や作物を交配し、都合のいい変異を選んで保存していくと、時間が経つにつれてその変異が望ましい方向に強化されていくのだ。同じ種に属する集団には常にさまざまな変異が生じており、個体の生存率を高める変異が子孫に伝わることがある。そして有利な変異を受け継いだ子孫は、自分自身の生存と繁殖の可能性をさらに高めることとなる。このような、ある小さな変異が有益なら維持され、有害なら排除されるという原理を、ダーウィンは「自然選択」と名づけた。気候や食糧不足といった環境条件によって、個体群の大きさは調整され、安定した個体数になる。

数百万年にわたる進化の結果、人間は現在の姿になったのであり、この進化のプロセスは地球上のすべての生物にも適用される。このように主張するのは、ダーウィンにとって容易なことではなかったに違いない。人間は神の意志によってこの世界に置かれた被造物の王ではなく、単なる動物の一員であり、しかも祖先であるサルと間違いなく似た動物なのだと断言するのを意味するのだから。

遺伝学によってはっきり証明されているように、進化による変化はランダムに起こる突然変異によるものであり、何らかの方向を選んで変化するわけではない。有益な変異もあるが、大半の変異は明らかに有害であり、命を奪うことも多い。だから有害な変異は保存されない。ダーウィンの考えに話を戻そう。この偉大な科学者は、あらゆる動物種・植物種には変異が見られ、そうした変異には遺伝するものがあることに気づいた。このときダーウィンは、小さな差異が生物の生存可能性の決め手になるという仮説を立てた。生存に有利な変異は、個体の生存可能性を向上させ、もし子孫に遺伝すれば、以降の世代ではもっと共有されるようになる。そしてついには、個体群の標準となる。新しい形質はこのようにして進化するのだ。そこに属する個体のどのような形質も、こうして進化してきたのである。

しかし、最新の科学論争では、複雑な身体構造の進化や、新しい特徴と機能の出現を説明するには、自然選択説では不十分だという説が論じられている。

ごく最近、遺伝学の新たな研究領域が、次第に認知されるようになってきた。それはエピジェネティクスと呼ばれる、きわめて広い範囲の研究領域だ[2]。エピジェネティクスとは、文字通り「超《エピ》」遺伝学《ジェネティクス》という意味で、ＤＮＡの外面的な変化を研究する分野（およびそうした現象）のことである。外面的な変化とは、ＤＮＡの塩基配列を変えずに、細胞が遺伝子を「読み取る」方法に影響を与える変化ということだ。こうしたエピジェネティックな変化は、個体が周囲の環境（生活習慣や栄養摂取も含まれる）と相互作用することで生じ、世代間の境界を越えて、子孫に受け継がれることもある。さらに、癌、脳疾患、メタボリック症候群といった多くの病気は、エピジェネティックな過程の異常と関わりがあるという[3]。

これはラマルクの理論――環境の刺激を受けて生じる変化に生物個体が能動的に関わっていること、一世代に生じた突然変異が遺伝すること――が復権したということなのだろうか？ 私はそうは思わない。当時のラマルクには十分なツールも知識もなかったので、こうした仮説をきちんと理論化することはできなかった。しかし、先に述べた最近の発見をもとに、ラマルクの考えを再検討することはできる。

すべては観察から始まる。生物を観察し、調べること。これが古代からずっと私たちを導いてきた。人類は疑問や問題の答えを見つけるために、いつも興味津々に、そしてたいていは畏怖も抱きつつ、自然を観察してきたのだ。

その一方で、ずいぶん前から人間は、進化の「対象」である立場から、進化の過程そのものに干渉する（あるいは一定の範囲内で干渉することのできる）「行為者」の立場へと移行してきており、その行動と技術は、地球の未来と発展に影響を及ぼしている。こうした状況で、ロボット工学は今後どのような役割を担うことになるのだろうか。あるいは、もうすでに何らかの役割を担っているのなら、それはどんなものだろうか？

私は、生物の基本原理にヒントを得たロボット工学が、将来重要な役割を担うことになると考えたい。もっと持続可能な資源利用のモデルを推進する上でも、もっと環境に配慮したグリーンなテクノロジーを開発する上でも、重要な役割を担うと考えたいのだ。こうした新しい科学のモットーは、「自然による自然のためのロボット工学」となるだろう。自然から何を奪い取れるかではなく、何を学び取れるかが重要なのだ。

だが、そのためにはどんな道をたどればよいのだろう？　自然にどんな「質問」をすれば、将来の新技術をもたらす返答が手に入るのだろうか？

道はいくつもある。本書では、私自身の経験と私の目に映っている未来について語ろうと思う。それは、魅力的で少々謎めいた、バイオインスピレーションによるロボットとともに暮らす未来である。

2　新たな時代のロボット工学

近代は、テクノロジーの進歩を常に追求してきた時代である。テクノロジーの進歩が指数関数的かつ非線形的に増大する様子は、生物の進化とまったく同じだ。時とともに生物が加速的に増殖していくように、テクノロジーの進歩の速度も増し続けている。

一八世紀半ばから、大規模なテクノロジーの変化《シフト》をきっかけに、三つの大革命が間を置いて順番に起きた。それによって、先進国の生産構造と（もっと総体的に言えば）社会経済的な仕組みが作り上げられていった。この三つの革命とは、蒸気機関の導入、利用可能なエネルギーの拡大、そして核子の研究から生まれた数々の発明（デジタルエレクトロニクス、情報技術《IT》、電気通信など）である。

三千年紀のあけぼのを迎えた今、私たちが立ち会っているのは、「四番目の産業革命」と言うべきものだ。革命の中心になるのは、ロボット、現代の人工知能研究、モノのインターネット（ＩｏＴ）である。ＩｏＴは、情報を交換・伝達できる機器による新しいパーベイシブ（偏在的）な技術を生み出した。一九六〇年代に工業界は生産の自動化のために初めてロボットを利用し、大きな利益を得た。だが現在、「生産の自動化」というフレーズはもはや目新しくもない。私たちは今、ロボットが工場の外に出ていく時代を生きている。これが何を意味するかと言えば、近い将来、私たちは新しい「行為者《アクター》」と社会を共有することになるということだ。実際、情報収集のためのさまざまな新技術が「スマートシティ」にも、職場にも、毎日の生活にもどんどん入り込んできているし、人はそれを身に着けてさえいる。現在位置を測定し、私たち自身や周囲の世界に関する大量のデータを集めることのできる新世代のセンサーは、いまや生活の一部になっている。情報収集の目的は、スマート・モビリティ、エネルギー消費や環境汚染の減少、ワークスペースの改善、ホームモニタリングサービス、心身の健康状態のモニタリングなど、文明進歩の上で重要な分野の革新的な新技術を開発することである。

このようにＩｏＴは実際に活用されており、さまざまな機能をもつモノたちがインターネット経由で競り合うように働いている。こうしたさまざまな行為者が活躍している舞台に、思いがけない客が、ひそかに姿を現し始めている。それが人工知能（ＡＩ）だ。

ＩＴ分野のパイオニアであり発明家でもあるアメリカ人、ジョン・マッカーシーは、人工知能の父と呼ばれており、インテリジェント・マシンの開発に取り組む分野が一つの研究分野として確立する上で重要な役割を果たした。一九五五年に「アーティフィシャル・インテリジェンス（人工知能）」という言葉を考案し、ダートマス会議（一九五六年に開催された人工知能に関する世界初の会議）の提案書でこの語を使った。その会議の目的は、人間と同じように推論し、抽象的に思考し、問題を解決し、自らを改善していく能力をもった機械を開発する方法の模索だ。マッカーシーは、「学習をはじめとする知能のあらゆる特徴は、原理的には正確に記述することができるので、知能をシミュレートできる機械の実現は可能である」[1]と考えていた。

したがって「人工知能」は、知能を何らかの形で示す――理想としては、人間と同じように考え、学習し、振る舞う――ことのできる機械だと定義される。少なくとも今のところは、この最終目標にたどりつけた者は誰もいない。一九五〇年にはすでにアラン・チューリングが、単純なシステムを人間のような知能を備えたシステムへと変えるために、学習という形式を用いるべきだと理論づけている。

ＡＩが応用される領域は無数にあるが、ここではロボット工学だけを取り上げよう。一九八〇年代半ばまで、ＡＩをロボット工学に応用しようとしていた研究者たちは、認知と行動を結びつける能力（いわゆる、認識‐計画‐行動方式）に基づいた高度な推論を実行できる知的システムの創造を目指していた。だが、オーストラリアの著名なロボット工学者ロドニー・Ａ・ブルックスは、行動規範型《ビヘイビアベースド》と呼ばれる新しいアプローチを取り入れ、ＡＩ分野を完全に変えた。[2]彼はｉＲｏｂｏｔとリシンク・ロボティクス社の創業者で、現在はボストンのマサチューセッツ工科大学（ＭＩＴ）のロボット工学の名誉教授である。ＭＩＴでは、一九九七年から二〇〇七年まで人工知能研究所の所長を務めていた。ブルックスの偉大な功績は、ごく簡単に言えば、知能に関する旧来の考え方の足枷からＡＩ研究を解放したことだ。それまでは知能を非常に複雑なものとみなし、内的表象の果たす役割を過度に重視していたが、反応《リアクティブ》のメカニズムの重要性についてはほとんど無視されていた。高い知能を備えた生物でも、反応メカニズムは非常に重要な役割を果たしている。例を挙げれば、移動する発光源を追いかけるというロボットの動作は、環境からの刺激に反応するセンサーどうしの相互作用によって起こすことができ、必ずしも中枢で行動を計画する必要はない。[*1] ブルックスの提唱するロボット工学は、娯楽、サービス、農業、鉱業、家事といった分野で実際に使われており、大きな成果を上げている。さらにブルックスは、自律移動できるロボットや、〈Ｃｏｇ〉《コグ》[3]という人間型（ヒューマノイド）ロボットも生み出した。

現在、コンピュータサイエンティストやエンジニアは、アルゴリズムと呼ばれる段階的な指示を使う単純なタイプのＡＩを作れるようになっている。さまざまなアルゴリズムを用いることで、コンピュータは一定レベルの知能が必要な任務を実行することができる。例えば、チェスをする、文章を翻訳する、さらには限られた話題だけだが会話をする、など。そして今、世界中の科学者が取り組んでいる次のステップは、哺乳類のような複雑な動物、もっと具体的に言うなら、人間の中枢神経系がもっている機能のシミュレーションである。こうした研究について語る際、国際的な科学界では、「人工精神（アーティフィシャル・マインド）」あるいは「人工脳（アーティフィシャル・ブレイン）」という用語が使われている。人間そっくりの振る舞いをする機械、つまり「強いＡＩ」と呼ばれる人工知能を開発しようという試みだ。将来、こうした人工脳が考えたり、感情を抱いたりするようになるかもしれないが、今のところはまだ仮説の段階だ。[*2]

ＡＩやロボット工学の研究者の多くは、一つのアルゴリズムもしくは一台のロボットが一人の人間に完全になり代わることは決してないだろうと考えている。ロボットには、人間がもっている共感能力を模倣することができないからだ。共感とは、字義的には「他者の立場に立って考えてみる」能力であり、言い換えれば、他者の感情を自分の感情であるかのように知覚する能力である。

人工物に共有できない人間のもう一つの特徴が、創造性だろう。今のところ、人間の最も情緒的、感情的、創造的な部分をロボットが模倣できるという証拠はない。だがSF物語では、ロボットはたいてい人間の特徴を備えており、人間の立場を奪い取ったり、人間を殺したりする否定的な存在として登場することも多い。リドリー・スコット監督の一九八二年の映画『ブレードランナー』――個人的に大好きな映画だ！――に登場するロイ・バッティは、人間を超える力と知性を備えたレプリカントである。彼は、人類には弱さと欠点があるとわかっていながら、人間になりたいと渇望する。自分の敵であるブレードランナー、リック・デッカードが梁《はり》に宙吊り状態になり、今にも落下しそうになったとき、生かすか殺すかの選択を迫られたロイは、リックを救うことを選択する。彼の製造者が述べていたように、ロイには自分の寿命を延ばすことはできないとわかっていた。「俺は、おまえたち人間には信じられないものを見てきた」という有名な台詞は、生命と人生における大切な経験に捧げられた賛歌なのだ。

アイザック・アシモフは一九四〇年代以降、人間の暮らしのパートナーになることを想定した友好的なロボットを世に広く知らしめた。彼はロボット工学三原則[*3]を考案し、一九四二年の短篇「堂々めぐり」で初めて披露した。その後、この作品は一九五〇年の短篇集『われはロボット』に収録された。アシモフはSFの父として歴史にその名を刻んでおり、その作品は今もなお、SF文学に大きな影響を与え続けている。そして虚構と現実は、しばしば互いに影響を及ぼし合うものだ。アシモフの陽電子ロボット——人工知能を備えた陽電子頭脳回路をもつ空想上の機械で、ロボット工学三原則に従う——が登場する初めての短篇「ロビイ」は、彼が執筆の前年にニューヨーク万国博覧会で見た一体のロボットに感嘆し、そこからインスピレーションを得て書かれたのだ。また、史上初の産業ロボット〈ユニメート〉を開発した発明家ジョージ・デヴォルと物理学者でエンジニアのジョセフ・エンゲルバーガーという二人のアメリカ人は、どちらもアシモフの愛読者であり、ロボット開発に情熱を抱くようになったのはアシモフの作品のおかげだったのだ。二人は世界初のロボット製作企業であるユニメーション社を設立し、ユニメート・ロボットの大量生産に乗り出した。

さらにアシモフは、地球外惑星の探索用ロボットや空飛ぶ車を想像した。前者はすでに何年も前から現実のものとなっており、こうしたロボットのおかげで、火星のようにまだ人間が足を踏み入れていないはるか遠くの惑星も、すでに身近なものになっていると言えよう。空飛ぶ車は今後の課題だが、ロボットやオートメーション・システムを製造している多くの企業が開発に挑んでいるので、近いうちに現実のものとなるだろう。

したがって近い将来、ロボットは日常生活で重要な役割を果たすだろうと大きな期待が寄せられている。こうしたロボットの存在によって、現代社会は変わり、形づくられ、新たなアイデンティティを得ることだろう。もともと「ロボット」(robot)という言葉は、「強制労働」

もしくは「過酷な労働」を意味するチェコ語のrobotaに由来する。この用語を考案したのは作家のカレル・チャペックで、一九二〇年のSF戯曲『R.U.R.』で初めて用いた。この作品では、部品を組み立てて作られた人造人間がロボットと呼ばれ、彼らは人間による支配に反抗し、反乱を起こすことになる。

現代的な意味でのロボット工学とは、行動、知覚、認知の能力を備えた機械(つまり、まさしくロボット)の製造に取り組む科学であり、すでに見たように、ロボットはしばしば危険で厄介な任務を行なうべく作られた機械装置である。自律性のレベルはそれぞれ異なるが、人間に仕えて行動する。

初期のロボットは二〇〇〇年以上も前に登場している。有名な数学者で発明家だったギリシア人のヘロンによって設計されたものだ。彼がエジプトのアレクサンドリアの舞台で披露した歯車で動くオートマタ(自動人形)は、ロープと滑車を使った仕掛けで動きを調整することができた。一八世紀には、フランスの発明家ジャック・ド・ヴォーカンソンがアヒルのロボットを製作した。これは羽を動かせるだけではなく、穀物の粒を食べ、その後それを排泄することもできた。一八一六年には、ドイツの作家E・T・A・ホフマンが『砂男』というタイトルの幻想小説を発表した。この物語の主人公は、オリンピアという名のとても美しい女性に恋をする。オリンピアは歌い、踊るが、「ああ、ああ」としか言えない。二人の物語の結末はハッピーエンドではない。主人公は、実はオリンピアがオートマタだと知り、気が狂ってしまうのだ。

ピエール・ジャケ・ドローは、一八世紀後半に活躍したスイスの時計職人だが、自動人形、すなわちオートマタの設計・製作で有名だった。彼が製作した作品に、〈書記〉というものがある。このオートマタは裸足の若者で、羽ペンを手に木製の机に向かっており、インク壺には本物のインクが入っている。外から見ると、この装置は単純で、ただのおもちゃの人形のように見えるが、内部には驚くほど精巧な工学的な仕組みが隠されている。この作品のために作られた六〇〇〇個の部品が一体となって働き、プログラム可能な完全自律型の書記人形を動かしているのだ。これをコンピュータの先駆けとみなす者もいる。実際、この自動人形は、最大四〇字まで完全な文章を書くことができ、ときどき羽ペンをインクにつけ、しかも顔と視線を動かして、紙の上の手の動きを追うのである。

もちろん、今日私たちとともに暮らしているロボットは、ヘロンが設計したロボットや、SF映画で不滅の栄光を得たロボットたちとは大きく異なっている。現在話題になっているのは、人工知能を搭載した自動運転車だ。これは自動車の概念を完全に覆す乗り物である。また、多様な使い方が可能なドローン、家庭や工場で人間を補佐するロボット、外科ロボット、さらには娯楽用のロボットも挙げられよう。今後数年のうちに、こうしたロボットはどれももっと身近になり、私たちをサポートするようになるだろう。だがやはり、二千年紀におけるロボット工学の真の革命は、自然に目を向けて手本とし、模倣や再現をしようとする新しい分野が出現したことだ。その理由について、これからさらに詳しく見ていくことにしよう。

スイングバイと協働する精神

すでに見たように、技術革新の急激な進歩（時とともに、指数関数的に増大し続けている）、IoT、現代のAI研究、サービスロボット分野の研究がもたらした最近の成果が柱となって、第四の産業革命は始まった。この第四の産業革命は、今後数十年のあいだに、人々の生活とその質に対して、今は想像もつかない大きな衝撃を与えることになるだろう。私たちが目の当たりにしているのは、人類が発展するための新たな「スイングバイ」（訳注　もともとは重力を利用して宇宙船の速度や方向を変える技術のこと）なのだろうか？　それとも、人類の進化における「シンギュラリティ」の出現なのだろうか？[*4]

この数十年（特に二〇〇〇年以降）、コミュニケーションと知識に関するテクノロジーは、私たちの想像を超える発展を遂げた。こうした技術のおかげで、誰もが低コストで知識を手に入れられるようになり、何十億の人々が情報に簡単にアクセスできるようになったし、特定のテーマでネットワーク（あるいはソーシャル・ネットワーク）を作り、何百万人とはいかないにせよ、何十万の人々が参加できるようになった。そうしたネットワークを使えば、問題解決（プロブレム・ソルビング）、科学研究や医療分野の研究、新しいアプリケーションの開発やラディカルイノベーションの実現のために（リアルタイムで）相互に協力することができる。こうした新しい形で協力できるようになったおかげで、人類は信じられないほどすばらしい成果を手に入れた。最近の研究によれば、人類の知識の量は、平均して一三ヵ月ごとに倍になっているという。これは、「孤高の天才」（名を挙げるなら、レオナルド・ダ・ヴィンチ）による知識の発展モデルを凌駕する成果であり、「協働する精神の巨大なネットワーク」という現代的なパラダイムの方に分がある。

こうした状況が生まれたのは、もう一つ重要な要素があったからだということを忘れてはならない。人間とは精神や理性だけではなく、感情、本能、情動をもった存在でもある。この数十年のあいだ、グローバルなレベルでの知識の共有プロセスで重要な役割を果たしたのは、「人の移動」というものが進化し、それによって「考えの移動」も進化したことだった。つまり、交通手段の高速化、低価格航空便、最新の輸送インフラへの投資のおかげで、人々の距離が縮まった。しかも物理的な距離だけではなく、文化的な距離も縮まったのである。かつて知識が広まるのを制約し、限界づけていた心の壁や相互不信を、（部分的にだが）打ち壊すことができたのだ。

この相互接続された新しい世界に、生物からヒントを得たロボットが登場することになる。そのロボットの性質と目的については、以降の章で詳しく見ていくつもりだ。こうしたロボットは、ますます人工知能と接続されたり、人工知能が組み込まれたりするようになるだろう。すでに見たように、ＡＩ（人間の知能を人工的に模倣した知能だと理解されている）の役割は、近い将来どころか、「協働する精神の巨大なネットワーク」が存在する現在でもすでに、ますます大きくなっている。

自然の世界にヒントを得た新しいロボットは、アシモフが思い描いたロボットとは大きく違ったものになるだろう。今のところ、バイオインスピレーションによるロボットが、感情、本能、情動をもつことはないとされているからだ。人間や人間に似た人工物と相互作用したり協力したりする能力を最大限に活用するためには、こうした特性が不可欠なのだが。それでもロボットをどのように社会に組み込んでいけばいいのか、今後考え続けていくことは重要だ。その最終目標は、人間の幸福を増大させ、私たちが他の生物と共有している環境を向上させることである。こうしたロボット工学の新しいテーマに取り組むと、ロボットが人類の知の進歩に対してどのような効果をもたらすのかという重要な問いが浮かび上がってくる。つまり、ロボットは現在の通信技術のように、新しい知識にアクセスし、それを拡散する可能性を拡げるのだろうか？

だが、問いは他にもたくさんある。将来の見通しについて考えるべきことは無数にあり、技術的なことだけでなく倫理的なことも考えなければならない。周囲を見回すだけで、さまざまな問いが頭に浮かんでくる。

私は猫を飼っている。ティノという名前だ。茶トラ柄の猫で、私のベッドの足元で眠る習慣がある。そして起きたい気分になったら起きるのだ。今朝は五時に、起きる時間になったと決めた。ティノは私を起こす時間になったとも考え、すぐに行動に出た。私の頬にうまく狙いをつけ、その小さな頭を何度か軽くぶつけてきたのだ。ティノは、遊ぶ時間や朝食の時間を自律的に決めたのである。

私たちは自然の中で、はっきり示された感情、自律的な振る舞い、経験と知識、合理的思考と自由意志、自己意識と世界についての意識に絶えず遭遇する。これらはすべて人間の基礎となる特徴だが、人間だけがもっているのではない。あらゆる生物にそれを見出すことができる。その形態はさまざまで、程度も多様だ。自然にインスピレーションを得た新しい機械を製作する際に、私たち科学者が、人工的なシステムの自律性についての議論を始めたり、積極的に論戦に参加したりせずにいられようか？

この問題について、これから一緒に考えていくことにしよう。

モノに革命を起こす自然

生物の機能や形状に着想を得て、発明や工夫をすること、これがバイオインスピレーションによるロボット工学の目的である。以降の章で取り上げるつもりだが、すでにレオナルド・ダ・ヴィンチはこの手法を、絵画から工学設計まで、非常にさまざまな分野で用いていた。だが、バイオインスピレーションを用いた現在の研究が斬新なのは、それがテクノロジーと結びつけられている点だ。これは生物学と工学とが交差する、未知の領域だ。私たちの未来のため、そしてもちろん種としての人類の生存のため、日々新しい解決策が試されているフロンティアなのである。

バイオインスピレーションによるロボット工学では、こうしたテクノロジーと生物の交わりは切り離せない。そして、私自身の成長過程にもそうした面が多分にあった。子供の頃、私は植物も動物も関係なく、生物の世界に関することすべてに胸をときめかせていた。特に魅かれていたのは、海の生き物だった。岩場にいるヤドカリの動きを観察したり、傘のような形をした小さな白い海草が波を受けてゆらめく様子に見とれたりしながら、何時間も海で過ごしていたのをよく覚えている。後でわかったことだが、その海草はカサノリ属の一種（*Acetabularia acetabulum*）だった。

© scubaluna / Shutterstock

カサノリ属の一種（*Acetabularia acetabulum*）は高さ5センチほどの海草で、海中の岩場や硬い海底で成長する。

私は小さな村で、あらゆる種類の動物たちに囲まれて育った。それは私にとって幸運なことだった。家の庭は、まるで小さな動物園だった。カメもいたし、色とりどりの鳥でいっぱいのにぎやかな巨大な鳥小屋もあった。だが特に思い出に残っているのは、ゾッロという名の黒犬だ。スピノーネとコッカー・スパニエルのすばらしいミックス犬で、私が一八歳になるまで一緒にいてくれた優しい犬だった。大学で生物学を専攻したのも、当たり前のように自然の世界と触れ合っていたからだ。だが数年後、学位論文のテーマを選んだのはまったくの偶然で、ピサ大学生物学部の掲示板で、ある掲示を目にしたのがきっかけだった。そこに載っていたのは、生物学、工業化学、環境工学にまたがる論文に使える話題で、重金属などの汚染物質が人間の健康と環境に及ぼす影響について書かれていた。エウレカ！　私の好奇心がたちまち燃え上がった。こうして私は「イタリア、アミアータ山の周辺地区における水銀の大気放出」という題名の論文を書き、学士号を取得した。

こうしたさまざまな学問分野の「放浪」から、すべてが始まった。そこで、次に私はマイクロシステム工学に導かれ、それから何年も経った後に、とうとうバイオインスピレーションによるロボット工学に興味をもつようになった。今日、この統合的なアプローチによるロボット工学は、もはや例外的な分野でも、少数の逸脱した研究者による奇抜な分野でもなく、世界中で行なわれている。つまり、バイオインスピレーションによるロボット工学への関心は、大きく広がっているのだ。現在、この研究分野に取り組んでいる機関は、世界中に一〇〇箇所以上もあり、それぞれがさまざまな生物種をモデルにして、既存のロボットにはない新しい能力を備えたロボットの実現を目指している[4]。

この新しい形の応用科学が世界中で研究され、それに対する関心が増大していくなかで、もはや一〇年も前のことになるが、ピサ近郊のポンテデーラのイタリア技術研究所（ＩＩＴ）で、あるプロジェクトが立ち上げられた。このプロジェクトは、私のその後の研究を決定的に変えることになった。

私は博士課程に在籍する大学院生の小グループと一緒に、植物をモデルにした新しいタイプのロボットを開発するというアイデアを出した。植物と同じように、その体を動かし、環境を知覚し、コミュニケーションをとり、成長するロボットだ。私たちはこの植物ロボットを〈プラントイド[5]〉と名づけた。〈プラントイド〉については後で詳しく取り上げるが、このロボットは従来のロボット観に革命を起こしつつある。〈プラントイド〉は、あらかじめ定められた形態が変わることのないロボットではなく、成長し変化することができるのだ。

どういうことなのか、いくつか実例を挙げて説明してみよう。ある朝、私が庭に出てみると、ジャスミンが昨晩よりも多く柵に巻きついていることに気づいた。バラは成長していたし、セイヨウキヅタは絡みつく支柱をようやく見つけていた。他のあらゆる植物と同様、この庭の植物は毎日成長することによって運動戦略を実行し続け、体の形を変化させている。そうやって、周囲の環境に適応している。適応こそが、進化の最終目的なのだ。

環境条件の変化に適応するという生物の能力。これこそ、私たちが将来のロボットに取り入れ、真似すべき特徴だ。私たちが開発したいのは、絶え間ない成長プロセスによって動くロボットである。素材を追加することで成長することができ、成長する方向は、体に組み込まれたセンサーと、周囲の環境を知覚する能力に基づく行動によって決定される。これらはすべて、植物で見られることだ。

われらが友たる植物は、はたして何を教えてくれるのだろう？　何よりもまず、植物は動物とは異なる戦略によって体を動かしている、ということがわかる。動物界では筋肉の収縮をもとにした戦略が典型だが、植物はそうではない。家にある植物を観察してみれば気づくだろうが、植物は光に向かって動く傾向があり、毎日、前の日よりも少しだけ大きくなっていく。成長を通じて動くというのは、植物に見られる特徴だ。動物が成長できるのは成熟するまでだけで、成熟すれば成長は止まる。一方、植物は生涯に渡りずっと成長し続け、変化していく周囲の環境と調和しながら、途方もない形態を創り上げる。そして、後で取り上げるように、植物の運動にはさまざまなタイプがあり、どれも新しいロボット工学のソリューションのためのモデルとして利用することができる。

© meteorite / Shutterstock

植物は成長を通して動き、自分の形を絶えず環境に適応させる。

また植物は、体組織内の水分を調整することによって、体の堅さを変えることもできる。この現象は、かんかん照りが数日続いた後、植物に水をかけたときにはっきりとわかるだろう。水分が足りないせいでうなだれていた茎、葉、枝、花が、ゆっくりと元気を取り戻していき、まっすぐに立つようになっていく。この変化は、植物の組織内部の水の動きによって生じている。この現象からすばらしいヒントを得て、私の研究グループは、エネルギー消費を抑えた新しい駆動装置を設計することができた。それが浸透性アクチュエータと呼ばれる装置である。これについては第12章で詳しく紹介するが、あまりコストのかからない非常にシンプルな「燃料」が使われる。それは、水と普通の食塩である。

　さらに植物は、言語なしでもコミュニケーションが可能だということを私たちに教えてくれる。植物のコミュニケーション方法はきわめて魅力的だ。環境に化学物質を放出したり、あるいは細菌、菌類（真菌類）、さらには動物といった他の生物と関係を築いたりすることによって、コミュニケーションをとる。樹木やあらゆる植物種は、地中に正真正銘の相互接続された生物ネットワークを作り上げている。化学物質を地中に放出することによって、植物は植物どうしで「会話する」のだ。例えば、寄生者の攻撃を受けた樹木がその危険な状況を伝えると、他の樹木は防衛機構を作動させる。樹木、低木、草などの根で形成されるこうしたネットワークを、科学者はウッドワイドウェブ（Wood-Wide Web）[6]と呼んでいる。このネットワークには大量の菌糸（菌類の基部から伸び、その体、つまり菌糸体を形作っている繊維）も参加している。菌糸は植物の根の先端を包み込み、地中の養分を提供する代わりに、菌類に不足している糖分を植物から手に入れる。

根が作る地下のネットワークは、それに属する植物のあいだのまさしく「連帯の鎖」として機能している。実際、菌類の菌糸が仲介役として根をつないでいるので、他より弱い植物や、日陰のような不利な環境にある植物は、この菌糸を通して、同じ種や近縁種の仲間から養分を受け取る。こうした木にはあまり日光が当たらないので、背の高い木や日当たりのいい場所に生えている木に比べると、光合成で作られる糖の量は少ない。だが、このネットワークを通して、ともかくも生存に必要な養分は受け取ることができるのだ。

こうした説明からすれば、植物は「平和主義者」だと考えてもいいように思われる。だが、まったくそうではない！　植物のあいだには、テリトリーや、光、水、養分といった資源をめぐる正真正銘の競争が存在しているのだ。それが、生物学ではアレロパシー（他感作用）と呼ばれる現象である。[*5]　例えば、モモ、プラム、アンズのような樹木は互いに激しく競争する。そのため、果実をたくさん収穫したければ、この対立関係を考慮しなければならないことを農家は十分に承知している。

後で詳しく見るが（特に第11章で、植物の群知能と、いわゆる「緑のネットワーク」に関す

© Oakdalecat / Dreamstime.com

根と菌類の菌糸が地中で作り上げるネットワークは、植物が養分を摂取したり、コミュニケーションをとったりすることに役立っている。

る研究について詳しく取り上げる）、植物どうしのコミュニケーションは、根だけで行なわれているのではない。例えば樹木は、揮発性の化学物質を放出することによって、空中に信号を送信している。植物はある部分を昆虫に冒されると、同じ個体の別の葉に警告を発するが、その個体の周りに生えている近縁の植物も信号に気づいて、身を守る準備を整えるのである。その結果、植物種、攻撃者のタイプ、攻撃の大きさに応じて、葉の堅さや味が変化することがある。南アフリカのアカシアの木は、アカシアどうしでコミュニケーションをとり、クーズー〔訳注　ウシ科の草食動物〕のような捕食者によって危険にさらされたとき、協力して防御行動をとることが知られている。食物が不足すると、この草食動物はアカシアばかりを食べることがある。そのときアカシアはエチレン分子を放出し、危険を「警告し合う」のだ。エチレンは、無色無臭の非常に軽い気体である。この気体が空中に飛散し、他のアカシアの葉にたどりつくと、そのアカシアはタンニンを普段よりも多く生成し始める。この毒素のせいで葉はまずくなり、消化されにくくなる。もしタンニンの量が増えれば、クーズーはうまく消化ができなくなり、死にいたることもある。

こうした自然の世界のさまざまな特徴は、一見すると人工物の世界とはかけ離れているように見えるかもしれないが、エンジニアやコンピュータサイエンティストの研究対象になっている。それを研究することで、インターネットの新しいネットワークモデルや、不安定な環境でも動けるロボットを制御するアルゴリズムを開発しようとしているのだ。私たちもポンテデーラで、〈プラントイド〉の研究に取り組んでいる。

植物の仕組みから全面的にインスピレーションを得た人工物の世界については、第10章以降で皆さんをその中心へとご案内するつもりなので、ここではちょっと触れるだけにとどめる。だが、成長する根ロボットや、マツカサをモデルにした受動的運動をする素材について取り上げる前に、一歩下がって全体を見ておきたい。

そのため次章から、ここまで大まかに語ってきた新しいロボット工学の鍵概念である「バイオミメティクス」について詳しく見ていこうと思う。それとともに、私たちの日常生活における共通経験についてもいくつか取り上げるつもりだ。というのも、誰もが毎日、自然の研究や模倣から生まれた新技術を目にしたり、使ったりしているからだ。私たちがそのことに気づかないのは、意識していないからにすぎない。バイオミメティクスは、持続可能なエネルギー生産から医学、繊維工業、デザイン、建築、そしてもちろんロボット工学まで、さまざまな応用分野で大きな期待を寄せられている研究領域なのである。

それに続いて、バイオインスピレーションによるロボット工学へと近づいてみよう。だが、植物ロボットの広大な世界に深く踏み込む前に、まずはこの分野の主役となっている、動物を模倣したロボットを見ておきたい。その開発の歴史と驚きのプロトタイプを紹介しながら、皆さんを宝探しの旅へと案内する。私たちの研究と切れることのない赤い糸でつながったその宝物とは、自然の世界とのつながりだ。

それでは、自然の世界と人工物の世界との狭間の世界へと足を踏み入れることにしよう。この新しい知のフロンティアに対して私が抱いている情熱のせめてひとかけらでも、読者の皆さんに伝えられたらと願っている。

＊1　ロドニー・ブルックスのロボット工学とＡＩについての考え方や、そのアプローチについてのさらなる情報は、Robohubというサイトで入手可能である。Robohubはロボット工学に関する非営利のオンラインプラットフォームで、ロボットに関する研究、ビジネス、教育分野で活動している世界の専門家の情報を集め、紹介している。参考としてhttps://robohub.org/tag/rodney-brooksとhttps://robohub.org/artificial-intelligence-is-a-tool-not-a-threat/を挙げておく。

＊2　本書のテーマから逸れるので、この魅力的な研究分野を詳細に論じることはしない。とはいえ、ここで世界的に注目を集める先進的なプロジェクトをいくつか挙げておいてもかまわないだろう。例えばブルー・ブレインだ。これは二〇〇五年に始まった、スイス連邦工科大学ローザンヌ校（ＥＰＦＬ）とＩＢＭの共同プロジェクトで、いくつかの哺乳類の脳をデジタルで再構築し、シミュレートすることを目指している。その目的は、脳の基本原理を理解し、中枢神経系の病気の治療と予防に役立てることだ。二〇一三年には欧州委員会が、ブルー・ブレインの事実上の後継プロジェクトであるヒュー

マン・ブレイン・プロジェクトに出資し、同年四月にはオバマ大統領が、そのプロジェクトのアメリカ版といえるブレイン・イニシアチブを立ち上げた。これは公的機関と民間が参加する共同研究プロジェクトである。さらに興味深いが、これまでのプロジェクト（先に述べたように、脳の理解とシミュレーションが目的）に比べて実現がもっと先になりそうなのが、脳のマッピングと、それによる精神の転送もしくはコピー、つまりマインド・アップローディングの研究だ。だが、ここから先がどうなるかはまだ不確かだ。科学と哲学など、さまざまな分野が入り交じり、それぞれの境界がひどく曖昧になっている。

＊3　第一条　ロボットは人間に危害を加えてはならない。また、その危険を看過することによって、人間に危害を及ぼしてはならない。
第二条　ロボットは人間にあたえられた命令に服従しなければならない。ただし、あたえられた命令が、第一条に反する場合は、この限りではない。
第三条　ロボットは、前掲第一条および第二条に反するおそれのないかぎり、自己をまもらなければならない。
（アイザック・アシモフ『われはロボット［決定版］』（小尾芙佐訳、早川書房刊、二〇〇四年より）。

＊4　アメリカのＳＦ作家ヴァーナー・ヴィンジは、一九九三年に「技術的特異点」（Technological Singularity）という用語を考案した。技術的特異点とは、テクノロジーの進歩が加速し、人間の理解力や予測力を超える転換点のことで、その後、人間の認知的限界を超越した認知能力をもつ超人間的知性が創造されるという。
Vernor Vinge, *The Coming Technological Singularity: How to Survive in the Post-Human Era*, in

Vision-21: Interdisciplinary Science and Engineering in the Era of Cyberspace, Nasa Conference Publication 10129, NASA Lewis Reaserch Center, 1993, pp. 11-22.（「〈特異点〉とは何か?」『SFマガジン』二〇〇五年一二月号、早川書房）

＊5　アレロパシーは、化学的競争とか、根間の競争と呼ばれることもある。いくつかの植物種が有毒な化学物質を地中に放出して、敵対する植物種が近くに根づくのを邪魔したり、抑制したりする現象をいう。

3　インスピレーションを探し求める科学者たち

微生物からジャイアント・セコイアまで、あらゆる生物はいくつかの「界」に分けられる。そのため自然全体は「界」が集まってできあがっていると言える。生物をグループ分けする方法として、自然分類の概念を導入したのは、カール・フォン・リンネである。彼はスウェーデンの博物学者、植物学者であり、一七三五年に『自然の体系』を刊行した。リンネは創造説を信奉しており、自分は神の創造を分類しているのだと信じていた。チャールズ・ダーウィンはリンネの研究を土台の一つとして用い、進化論を作り上げることになるが、当のリンネは進化論を考えたことすらなかった。

さらに時代が下ると、一九六五年にロバート・ホイタッカー（もちろん格闘家の方ではなく、科学者の方だ！）が、生物の現代的な分類を提唱し、細菌と原生生物、菌類、植物、動物が分かれる系統樹を提案した。

地球に暮らす種の多様性は、あらゆる生物が自らの適応能力を発揮したおかげで生まれた。適応は、有機体が自分を取り巻く環境の変化に応じて、絶えず行なっている行為だ。三八億年以上ものあいだ、生物は自然選択を通して進化し、さまざまな解決策（その多くは、周囲の環境とよりよく相互作用することだったり、エネルギー効率を上げることだったりする）を生み出してきた。生物の形態、色、生存戦略には溢れるほど多くの種類があり、ずっと昔から、科学者、芸術家、エンジニア、詩人にとって研究対象となってきたし、インスピレーションの源でもあった。科学分野では、自然界を模倣するというこの行為に、バイオミメティクスもしくはバイオミミクリーという名がつけられている。学問分野としては最近のものであるが（この名称が初めて使用されたのは一九六〇年代）、革新的な技術の開発や人間のよりよい活動のヒントを得るために自然を研究するというアイデアは、非常に古くからあった。

自然を模倣する

イノベーションのために自然を観察するというのは、先祖代々行なわれてきた科学的実践だと言えよう。すでにレオナルド・ダ・ヴィンチがそれを行なっていた。彼はこの方法を、絵画から工学にいたるまで、さまざまな分野に用いた。鳥の飛行からヒントを得て研究し、一四八五年にはオーニソプターという羽ばたき飛行機を設計した。鳥のような翼を備え、人力でペダルを踏んで動かす機械だ。この「飛行機」は、ダ・ヴィンチが考案した他の数々の装置と同じく実現されることはなく、設計段階で止まっている。原因はテクノロジーギャップ（技術格差）だと考えられる。すなわち、これほどまでに複雑な装置の製造に必要な技術、材料、センサー、内燃機関、エネルギーを手に入れることが当時は不可能だったのだ。それを裏づける証拠として、数年前にトロント大学の学生グループが、レオナルド・ダ・ヴィンチのオリジナルデザインをベースに、鳥の動きを再現する翼のついた飛行機を開発した。この飛行機は一九・三秒間の飛行に成功し、平均時速二五・六キロメートルで一四五メートル飛んだのだ。

レオナルド・ダ・ヴィンチが行なった研究は、人間と動物の解剖図の技法に革命を起こし、人体の仕組みと機能について科学的な理解を深めることに大いに役立った。こうした解剖学と動力学の研究を土台にして、一四九五年頃ダ・ヴィンチは、西洋文明初のヒューマノイドロボットを設計した。これが〈ロボット騎士〉である。人間の形をしたオートマタで、そのプロポーションはウィトルウィウス的人体図の法則に従っており、立ち上がる、腕を振る、頭を動かす、口から音を出すなど、人間のようないくつかの動作を実行できる。こうした動作は、筋肉と腱を模した体内のケーブルシステムと、足を動かすクランク装置によって行なう。このオートマタが実際に製造されたことを確実に証明する資料は残っていない。

ダ・ヴィンチは、偉大な植物学者でもあった。人間を含む動物の解剖学や工学への情熱に比べると、植物に対する情熱はもっと後に生じたのだが、それでも植物を単に装飾として利用すること——例えば、絵画に植物を描き入れること（これは当時の慣習だった）——にとどまらず、植物を題材にした科学論文もいくつか書いている。当時はまだ化学の基本的なことが知られておらず、それゆえ光合成の根底にあるプロセスを知りえなかった。にもかかわらず、ダ・ヴィンチは、植物の体が大きくなるのは、太陽と土壌の湿気のおかげであるという仮説を立てた。彼の天才ぶりがよくわかる例だ。

他の発明家たちも自然を研究して謎を解明し、それを機械装置、建築法、人工繊維、あるいはさまざまな形の革新的な表現に変えた[1]。この最後のカテゴリーには、バイオインスピレーションの最も有名な事例の一つが含まれる。パリのシンボルであるモニュメント、エッフェル塔だ。

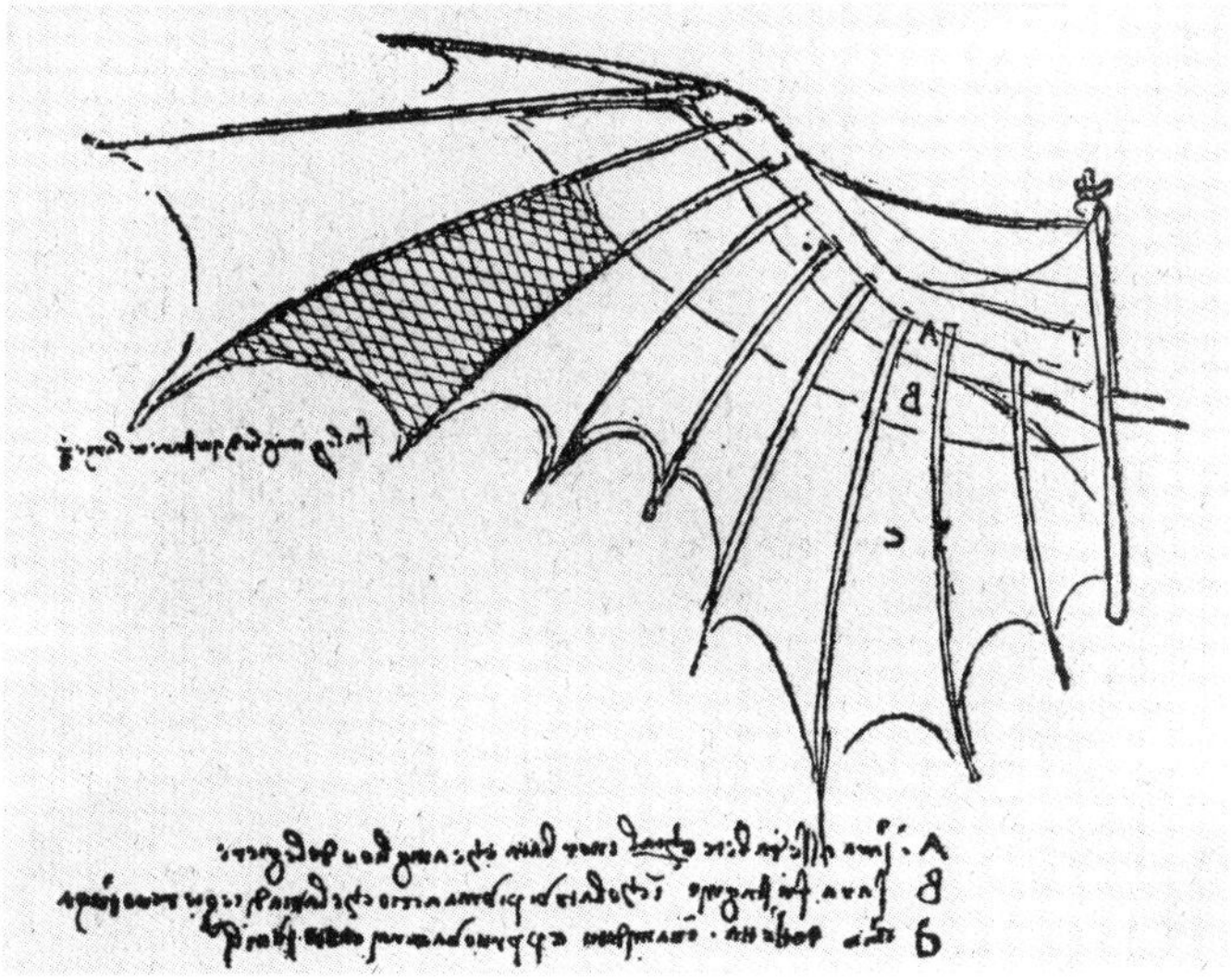

レオナルド・ダ・ヴィンチの驚異の発明は、いつも自然界を注意深く観察することから生まれた。

エッフェル塔は、一九世紀の終わりに技師のギュスターヴ・エッフェルによって設計された。エッフェルは、世界で最も高い塔を建造するようにと依頼された。このとてつもない大仕事を成し遂げるためには、安定性という一筋縄ではいかない難題を解決しなければならなかった。当時、最も頑丈な素材は鉄だと考えられていた。しかしエッフェルは、もしこの素材ばかりを使って塔を建造したなら、塔は自らの重さに耐えられずに崩壊する危険がある、とすぐに気づいた。幾度か失敗を重ねた後、彼はある非常に特殊な構造の物体にヒントを得て、塔を設計することにした。その物体とは、人間の大腿骨である。なぜこの骨を選んだのか、その理由を説明しよう。

不朽の名声をもたらすことになる塔を設計するため、エッフェルは、ドイツの古生物学者へルマン・フォン・マイヤーの研究を参考にすることにした。フォン・マイヤーは、人間の大腿骨における骨小柱（骨梁）の配置を研究していた。骨小柱は、ミツバチの巣のハニカム構造のように、アーチとヴォールトが精密に絡み合った構造をしている。骨小柱は、骨格に常に力がかかる箇所（荷重線）をたどるように配置されていて、最も強靭で密度の高い大腿骨の中央部に荷重を担わせる働きをする。この構造のおかげで大腿骨は、例えばジャンプして着地したときの大変な衝撃に耐えられると同時に、軽くてしなやかでもあるのだ。こうしてエッフェルは塔の鉄骨を、大腿骨の支柱－アーチ構造と同じように配置した。塔の最も頑丈な部分、つまり支柱の土台部に荷重をゆだねるためだ。

実を言うと、人間の骨は、エッフェルが考案した解決策よりも各段に複雑である。なぜなら人間の骨は絶えず動き続け、あらゆる種類の負荷を受けているからだ。特殊な細胞が機械刺激（物理的な力）に反応し、新たな骨の材料を作り出し、別の細胞がもろくなってきた部分を破壊する。その結果、骨組織は継続的にリモデリング（再構築）されるので、骨はより強くなるが、必要に応じて軽くなる箇所もあるかもしれない。こうして、一個人の骨は一〇年ごとに完全に一新されることになる。エッフェルは、抽象化と単純化のプロセスを通して、自然から必要なものだけを引き出し、これまでにない驚きの作品を作り上げたのである。

「バイオミメティクス」（ギリシア語の「生命 bios」と「模倣 mimesis」に由来する）という言葉を最初に使ったのは、アメリカの優れた科学者で発明家のオットー・シュミットだ。シュミットは、生物物理学と生物工学の研究で有名である。この二つの学問は、生物学と、物理、工学、コンピュータサイエンスなどの基礎・応用科学との境界上に位置する分野だ。彼は博士課程在籍時に、神経の電位を模倣した装置の開発に取り組んだ。一九六九年に論文の題名で初めてバイオミメティクスという言葉を使い、(2)この語は一九七四年に『メリアム・ウェブスター英語辞典』に収録された。その定義を引用しておこう。「生物が作り出した物質と素材（例えば酵素や絹）、生物によるメカニズムとプロセス（タンパク質合成や光合成）の形態、構造、機能の研究であり、その目的は自然のメカニズムを模倣した人工的なメカニズムを通して、類似する産物を合成することである[3]」

それ以来、バイオミメティクスの類義語がいろいろ生み出されてきた。例えば、バイオニクス、バイオミミクリー、バイオインスピレーション。これら以外にも生物の模倣、応用、派生を意味するさまざまな用語が作られた[4]。ただここで、「バイオミメティクス」と「バイオインスピレーション」には重要な違いがあることを強調しておきたい。この二つの用語は、どちらも生物をモデルにして模倣することを意味するが、模倣のレベルが異なっている。前者のアプローチはモデルにした生物により忠実で、後者はそれほど忠実ではない表層的なアプローチなのだ。きわめて単純化するなら、バイオミメティクスとバイオインスピレーションの違いは、フィンセント・ファン・ゴッホの有名な絵画「アイリス」とその贋作の違いに等しい。あるいは、テクノロジーの領域でたとえるなら、機能を重視した義手と見た目を重視した義手との違いである。要するに、バイオインスピレーションが自然のモデルの外見を真似ることにとどまり、その真の機能を理解することがないのに対し、バイオミメティクスはモデルに選んだ生き物の生物学的原理を深く研究し、その生物学的特徴を新技術へと変換しようとするのだ。

とはいえあまり複雑にならないよう、本書では、はっきり示さない限り、「バイオインスピレーション」という語と、それとよく似た意味をもつ「バイオミメティクス」とを区別せずに、広い意味で用いることにする。

コアラのうらやましい眠り

最近私は、「ロボット工学とオートメーションに関する国際会議（ＩＣＲＡ）」に参加するために、オーストラリアのブリスベンに赴いた。毎年開催されるこの会議はロボット工学界の重要なイベントであり、世界中から研究者や科学者がやってくる。

オーストラリアは、いつか訪れたいとずっと願っていた憧れの地だった。海洋生物学の研究者だった頃、幾度となくその誘惑に駆られていた。イタリアから遠く離れた、文字通り世界の反対側であるこの地では、そこに生息するユニークな生物種に関する基礎研究が盛んに行なわれている。およそ一億五〇〇〇万年前、超大陸パンゲアが分裂し、現在の諸大陸が形成された結果、オーストラリア大陸は他の大陸から地理的に孤立してしまった。そのせいで、生物学で「異所的種分化」と呼ばれる現象が生じた。これは、ある個体群の遺伝子交換が地理的な障壁のせいで妨げられ、それによって新しい種が形成されるという進化プロセスの一つである。もう少し詳しく説明しよう。異なるテリトリーに暮らす個体群は、異なる環境条件と、それゆえに異なる選択圧をこうむることになる。その結果、二つの個体群が交配不可能なほど異なるものになったなら、それはすなわち新しい種が形成されたということなのだ。

こうしたことからオーストラリアには、世界中でここにしかいない生物種がいる。例えば単孔目《たんこうもく》がそうだ。これには魅力的なカモノハシなど、最も原始的な哺乳類が含まれる。有袋類《ゆうたいるい》もそうであり、カンガルーやコアラなど、興味深い外見の動物が属している。このコアラこそ、オーストラリアの滞在中に私が運よく出会うことのできた動物であり、バイオインスピレーションを用いた研究ではどのようなアプローチをとるべきか、大いに考えさせてくれた。

コアラは、二つの特徴が一般的によく知られている。それは、怠惰と偏食だ。事実、育児嚢《のう》をもった子グマのようなこの動物は、ユーカリ樹の葉しか食べない。それだけではない。ユーカリ樹には八〇〇以上の種類があるが、コアラはそのうちの五〇種ほどしか食べない。さらにそれぞれの個体には選り好みするユーカリ種があり、一日におよそ五〇〇グラムの葉を食べる。

私が特に興味を抱いたのは、コアラの食べ物の選択の特殊性だ。実は、ユーカリの葉はとても繊維が多く、栄養価は低い。このエネルギーの乏しい食事に適応するため、コアラはあまり動かない怠惰な生活スタイルを発達させた。こうして一日に一八〜二〇時間も眠るようになったのだ！　そうすることで、エネルギーを大幅に節約しているのである。おまけに、代謝を抑えたおかげで、コアラの食べたものは消化系の中にできる限り長くとどまり、食べ物から最大限のエネルギーが得られるようになっているのだ。

私たちは、自然は最良の解決策だけを生み出すと考えがちだ。もし本当にそうなら、技術開発の観点からすれば、効果的で持続可能な技術という解決策を手に入れるには、生物を真似するだけでいいということになろう。だが実際は、コアラは自然選択の結果として生まれた、自然の不完全性を示す非常に見事な事例なのだ。地球上にはこうした事例が山ほどある。もしコアラロボットを製作しようと考えるなら、設計仕様や運用計画を決める際に、コアラ特有のエネルギー非効率性を考慮に入れなければならない。

　要するに、バイオインスピレーションによるアプローチは、自然が提案してくれる解決策について批判的な分析を行なうことが欠かせないということだ。

　コアラの話に戻ろう。この穏やかな目をした動物は、どうしてユーカリの葉だけを食べるという選択をしたのだろうか？　生まれつき食べ物の好き嫌いが激しい、珍しいケースなのだろうか？　実はこの極端な偏食は、環境に適応し、生き延びるための非常に興味深い戦略なのだ。コアラは、アルプスアイベックスのようにすばしっこくないし、幅広くてしなやかなひづめを使って、切り立った崖の途中にとどまることもできない。数秒で時速一〇〇～一一五キロメートルまで加速できるチーターのようなスピードも持ち合わせていない。だが、コアラは有毒な葉を食べることで、他の生物種と競っているのだ。ユーカリは、草食性の哺乳類や昆虫にとって毒となる物質を生産し、葉が食べられすぎないようにしている。だがコアラは、この毒から身を守る解毒系の遺伝子をたくさんもっており、毎日体重の一〇パーセントまでの量の葉を食べることができる。さらに、このかわいらしい動物は、とても役に立つ優れた能力をもっている。味覚と嗅覚が特に発達しているのだ。コアラは嗅覚を働かせるだけで、好みの葉を見つけ出すことができるし、きわめて特殊化された味蕾《みらい》のおかげで、有毒成分が最も少なく、水分と栄養分が豊富な葉を選別することができるのだ。大好きなユーカリの葉から水分も抽出できるのは、コアラにとってさらなる強みである。水たまりや小川を探すために木から降りると、やすやすと捕食されてしまう危険があるが、それを避けることができるのだ。

あらゆる生き物の適応的な選択は、たとえそれがどれほど風変わりに見えようとも、妥当な選択なのだ。なぜ妥当と言えるのか、なぜそれを選択することになったのか、論理的な説明は常に可能である。自然はすでに仕事をなし終えた。だから、私たちはそれをきちんと解釈し、正しく判断した上で模倣する、ただそれだけでいい。

動物界

バイオインスピレーションによる技術的な解決策の見事な例は、新幹線だ。新幹線は、時速三〇〇キロメートルを超えるスピードで走る日本の高速鉄道である。新幹線を設計した日本のエンジニアである仲津英治は、カワセミのくちばしからインスピレーションを得た。カワセミは小さくてすばしっこい鳥で、その優れた捕食能力がよく知られている。とがった流線型のくちばしを使って、カワセミは水面に、文字通り穴を開ける。しかも、ものすごいスピードで、しぶきを上げずにそうするのだ。そうやって不意を突いて獲物に襲いかかり、漁の成功率を上げている。

仲津はカワセミの頭部とくちばしの形状に焦点を合わせた研究を行なった。その結果、カワセミが水に飛び込む瞬間、水塊はただ前に押しやられるのではなく、くちばしに沿って流れていることがわかった。くちばしが楔《くさび》の役割を果たしているのだ。これにより、負圧が生じないので、しぶきは立たない。そこで、生物学が工学に応用され、カワセミのくちばしの形をモデルにして、新幹線の車両のノーズ（先頭部の形状）がデザインし直された。そうすると、列車がトンネルに入るたびに突然圧力が上昇するのを防げるようになった。この圧力のせいで生じる轟音はすさまじく、数百メートル離れたところまで聞こえるほどだった。だがデザイン変更の結果、平均速度は一〇パーセント上昇し、エネルギー消費は一五パーセント減少するとともに、トンネルに入る際の轟音はまったく発生しなくなった。

別の生物種の例を見てみよう。数年前、アルカテル・ルーセント傘下のベル研究所の研究グループが、熱帯の海綿動物であるカイロウドウケツ属（*Euplectella*）、別名「ビーナスの花かご」について興味深い研究を行なった。一般的に海綿動物は、最も原始的な多細胞動物だとされている。固着性（地面に固定されていること）の動物で、目立った動きを見せないので、アリストテレスやプリニウスをはじめとする古代の博物学者たちは、植物に属すると考えていた（後で詳しく取り上げるが、植物についてのこうした見方は、まったくの間違いなのだ！）。ともあれ、一七六五年にようやく、海綿動物が動物の性質をもっていることがはっきり確認された。

カイロウドウケツに話を戻そう。この動物はガラス海綿類に属し、深海の海底に生息する。成長すると、網目の細かい優美な鳥かごのような円筒形になる。ケイ素を含んだガラス繊維（グラスファイバー）が絡み合い、非常に丈夫な網状構造を形成するのだ。繊維の長さは数十センチメートル、細さは人間の髪の毛と同じくらいである。ベル研究所の研究者たちはこの繊維を研究し、工業製品である光ファイバーケーブルによく似ていることに驚かされた。現代の電気通信ネットワークに必要な透明度はないとはいえ、光ファイバーよりもずっと壊れにくい構造をしていることが判明した。それゆえ、研究者たちはカイロウドウケツを興味深いモデルだとみなし、そこからインスピレーションを得たのである。さらにカイロウドウケツの繊維は、低温での化学反応で形成されるが、現在製造されている人工繊維は、高温（摂氏二〇〇〇度まで）の炉で生成する必要があり、多大な費用とエネルギーが必要となる。バイオインスピレー

© HTU / Shutterstock

カワセミが優れたハンターなのは、水に飛び込む際にしぶきを上げない流線型のくちばしのおかげである。

ションは、環境汚染をあまり起こさない、環境的に持続可能な新技術を提供してくれるのだ。
とはいえ、少しずつ継続的に繊維を析出《せきしゅつ》するという製造法は、あまりにも時間がかかり――自然はそうした時間を受け入れられるが、工業製品の製造サイクルはそうはいかない――その結果、製造コストは上昇する。したがって、バイオインスピレーションによる光ファイバーは、技術的成熟の点ではまだ理論的・実験的なレベルにとどまっている。それでもこれは、この惑星に存在する生物の無数の形態の一つを観察することから出発し、それを応用した新しいアイデアが形になりうるという興味深い事例である。

次に紹介するバイオインスピレーションの魅力的な例も、海に棲む無脊椎動物がインスピレーションの源である。この研究には私も参加している。二〇一〇年頃、ポンテデーラのイタリア技術研究所の私のチームは、新しい研究を開始した。それは、柔らかい素材で作られた人工吸盤の開発を目指した研究だ。人工吸盤は、壊れやすい物体（大きなガラス板など）を扱うために産業界で広く利用されているが、ロボット工学の分野でも、垂直面をよじのぼることのできるロボット開発で使われている。インスピレーションを与えてくれるかもしれないたくさんの生物のなかで、私たちが選んだのは、海底の謎めいた住民、タコだった。

普通のタコ（マダコ *Octopus vulgaris*）は、無脊椎動物（詳しく言えば、軟体動物）であり、物の取り扱い、移動、環境の知覚、知能の点で、驚くような特徴を備えているので、新しい装置を開発するための優れたモデルとなる。何よりも有名な特徴は、哀しいかな、食べるとおいしいという点だ（この特徴のせいで、タコはいつも命を狙われている）。体に硬い骨格がまったく備わっていない点も、実に独特である。このためタコは体を小さく縮めて、とても狭い穴の中に入ることもできるし、その際に内臓を傷つけることもない。さらには、八本の腕の筋肉を別々に収縮させて、それぞれ異なる動きをさせることができるし、あらゆる方向に伸ばしたり曲げたりすることもできる。それだけではない。腕を使って泳いだり、海底を歩いたり、物体や獲物をつかんだりすることもできる。だが一番驚きなのは、タコがおよそ五億のニューロン（神経細胞）をもっていて、その大部分が八本の腕に配置されているということだ。人間のニューロンはタコよりもずっと多い（およそ数千億）。それでもタコは「ニューロンの装備」の点で、イヌのように、知能が高いと伝統的に考えられてきた動物と同等であり、現在知られている無脊椎動物のなかで最も発達した神経系を備えているのだ。

驚きの特徴はまだある。タコの腕には吸盤が一～二列（種によって数は異なる）並んでいて、どんな表面にも付着することができる。ざらざらしていようとでこぼこしていようとお構いなしだ。そして各吸盤についているセンサーを使って、周囲の環境を調べ、獲物や捕食者がいないかどうかを知覚し、物を握ったり扱ったりするのである。

私たちの研究の出発点は、タコの吸盤の構造と、吸盤を構成する素材の力学的特徴を調べる

© Barbara Mazzolai

タコのニューロンの大部分はその8本の腕に配置されている。この軟体動物は腕を使って、探検し、物体をつかみ、移動する。

ことだった。目指していたのは、こうしたタコの特徴を再現する人工吸盤の開発である。つまり、自然が生み出した吸盤のようにあらゆるタイプの表面にくっつく吸盤を開発しようとしていたのだ。これを実験器具に用いれば、きわめて繊細な物体も傷つけずにつかむことができる。[5]産業分野でも家庭でも利用できる有益な新技術であり、狭い空間で移動したり物をつかんだりするロボットに組み込んでもいいだろう。

私たちは、形態と機能の面で、自然が生み出した吸盤に似た新技術を開発したが、その一方で、この研究はこれまで生物学で観察されたことのなかったものも発見したのである。私たちの研究成果は、タコの吸盤の吸着と分離のメカニズムを解明し、それを工学に応用する上で基礎となる重要なものだった。実は、すでにタコの吸盤の構造に関する科学界の見解はあまねく一致していたのだが、私たちの研究がきっかけとなり、ある知られざる側面が突然注目されることになったのである。それまで吸盤の内側は、凹状の構造で、滑らかでしわひとつないとされていたのだが、実際は、確かに凹状だが、ざらざらしていたのだ。この新しい知見に基づいて、私たちはタコの吸着と同じメカニズムをコピーしようと考えた。だがその作業は同時に、体のさまざまな構成部分の果たしている役割を解明することでもあった。それは、タコが自分の代謝に合わせて無駄なくエネルギーを使いながら、どうやって物体の表面に長時間くっついたままでいられるのか、という問いに、一つの答えを出すことにもなったのだ。これは工学的・技術的な領域の研究が、生物学に関する発見をもたらすという、認知的フィードバックの最良の例である。[6]

タコについての他の興味深い発見は、ビンヤミン・ホフナーとフランク・グラッソが率いるイスラエルとアメリカの科学者グループによってもたらされた。[7] 二〇一四年、この研究グループは、タコには吸盤が自分の体にくっつくのを避け、自分が自分に絡まることがないようにする自己認識機構が備わっていることを証明した。この発見は、切断されたタコの腕を使った実験の成果である。自然界では、この柔らかな軟体動物を好物とする捕食者のせいで、タコが腕を一本失うことは珍しくない。腕は体から切り離されても、一時間ほどは動いたり物をつかんだりすることができる。そして、実験室での実験で、皮膚の表面が損なわれていなければ、吸盤が腕自体にもその個体の他の部分にもくっつくことはないということがわかった。このメカニズムについて生物学的観点から理解を深められれば、私たちの人工吸盤の制御にも役立つだろう。例えば、たくさんの吸盤のついた柔軟なロボットアームを想像してみよう。それは井戸の中のように、近寄れない場所で物体を回収するときに応用できる。このアームに、タコの自己認識メカニズムからインスピレーションを得た制御システムを組み込めば、吸盤が回収すべき物体ではなくアーム自体にくっついてしまうのを防ぐことができるし、吸着の効果を著しく増大させることができるだろう。

© Francesca Tramacere @ CMBR IIT

イタリア技術研究所（IIT）で開発された人工吸盤は、本物のタコの吸盤のように、ざらざらした凹状構造をしており、あらゆる表面にくっつくことができる。

最近私たちは、ニューヨーク州イサカのコーネル大学と協力し、新しい人工皮膚を開発した。これもタコの皮膚の特質の研究から生まれた成果だ(8)。頭足類、つまりタコ、コウイカ、ヤリイカなどの軟体動物の擬態能力は、非常によく知られている。タコは体の色を、自分を取り囲んだり、接触したりする物体や壁面の色に変化させることができる。だがそれだけではない。形も真似できるのだ。ミミックオクトパスと呼ばれるタコ（*Thaumoctopus mimicus*）の能力はもっと驚きだ！ ウミヘビ、ミノカサゴ、ヒラメ、ヒトデ、ウミウシ、クラゲ、大きなカニなど、一五種類以上もの動物の外見と動きを真似ることができる。

こうした複雑さと美しさにはまだまだ遠く及ばないが、私たちはアメリカ人研究者たちとともに、高い柔軟性と伸長性が特徴の頭足類、特にタコの皮膚組織を模倣し、人工皮膚を開発した。柔軟性や伸長性といったバイオメカニクス（生体力学）的な特徴は、光を発したり吸収したり、触覚の刺激に反応したりする能力と合わせて、この人工の組織を開発するためには必要不可欠な要素だった。

さまざまな素材を組み合わせて作られたこの柔軟な人工皮膚は、元の大きさの約五倍まで伸ばすことができ、変形したときにはさまざまな強さの光を発する。「タコにヒントを得た」皮膚は、実用面では、新世代のスマートフォンやパソコン用の柔らかいタッチパネルの開発に利用できるだろう。そうした新世代のデバイスは、色の変化やタッチの強さと連動したさまざまな機能をもつことになるだろう。

次は深海の世界から離れて、陸に上がってみよう。陸上でも、動物の世界からもたらされたバイオインスピレーションの驚くべきケースに出合える。例えば、「這いのぼる接着テープ」と称されている革新的な接着テープ「Geckskin®」だ。このテープは偉大なクライマーであるヤモリを模倣しており、まさしくヤモリのように、垂直の壁にくっつくことができる。木製のドアからセメントの柱にいたるまで、どんなタイプの壁面にもくっつき、何度でも再利用でき、三〇〇キログラムまで支えられる。しかも、どんな種類の接着剤も使用していないのだ。この奇跡の接着テープはどんな仕組みなのだろうか？ 研究者のアルフレッド・クロスビーとダンカン・アーシックは二〇年間ヤモリを研究し、その特異なとてつもない能力の秘密を解き明かした。ヤモリは一秒間におよそ三〇歩の速度で、重力に逆らって壁を這いのぼることができる。その際、八ミリ秒で壁面に足をくっつけ、一六ミリ秒で引きはがしている(9)。

この驚異の能力はどこから生じているのか？ ヤモリの足の五本の指の表面を覆っている組織の階層構造から、その能力は生まれているのである。電子顕微鏡の登場により、科学者たちは、裸眼でも単なる光学顕微鏡でも見えない、この独特の構造を目にすることができた。ヤモリの各指の薄膜には、一〇万本の微小な剛毛（セタ）が生えていて、さらにこの剛毛の先端が数千のヘラ状の毛（スパチュラ）に分かれている。このヘラが壁面の凹凸や隙間の中に入り込んで接触面積を最大化し、ファンデルワールス力と呼ばれる、分子間に働く弱い力を生み出すのである。[10] では、ヤモリはどうやってこれほどすばやく接触面から離れることができるのか？そのために重要なのは、ヘラと接触面との角度である。つまり、くっついたり離れたりできるのは、特別な身体構造のおかげであるとともに、外部の環境と相互作用できる能力のおかげでもあるのだ。

この自然の奇跡は、ロボット工学においても研究対象となり、模倣するモデルとなっている。第5章で見るように、ロボット工学では、近づくことの難しい自然環境を調査する際に使える、ヤモリのように動ける機械の開発に取り組んでいるところだ。

本章ではさまざまな動物のバイオインスピレーションの事例を取り上げてきた。自然からインスピレーションを得た研究は世界各地で行なわれており、ここで紹介した事例は無数の成果のごく一部にすぎない。どれを取り上げるかの選択は、もちろん私の個人的な好みと関心が反映されている。新幹線の例では、特殊な身体構造を模倣することで、革新的な解決策を生み出せることを見た。新幹線は、きわめて高いレベルの技術が使われている驚くべき列車だ。一方、タコの吸盤もヤモリの指も、自然が生み出した非常に優れた戦略を注意深く分析すれば、具体的な問題を解決する重要なヒントを引き出せることを教えてくれた。この場合は、化学的な添加物を使わずに、しっかりと安全に表面にくっつくという課題が解決できたのだ。

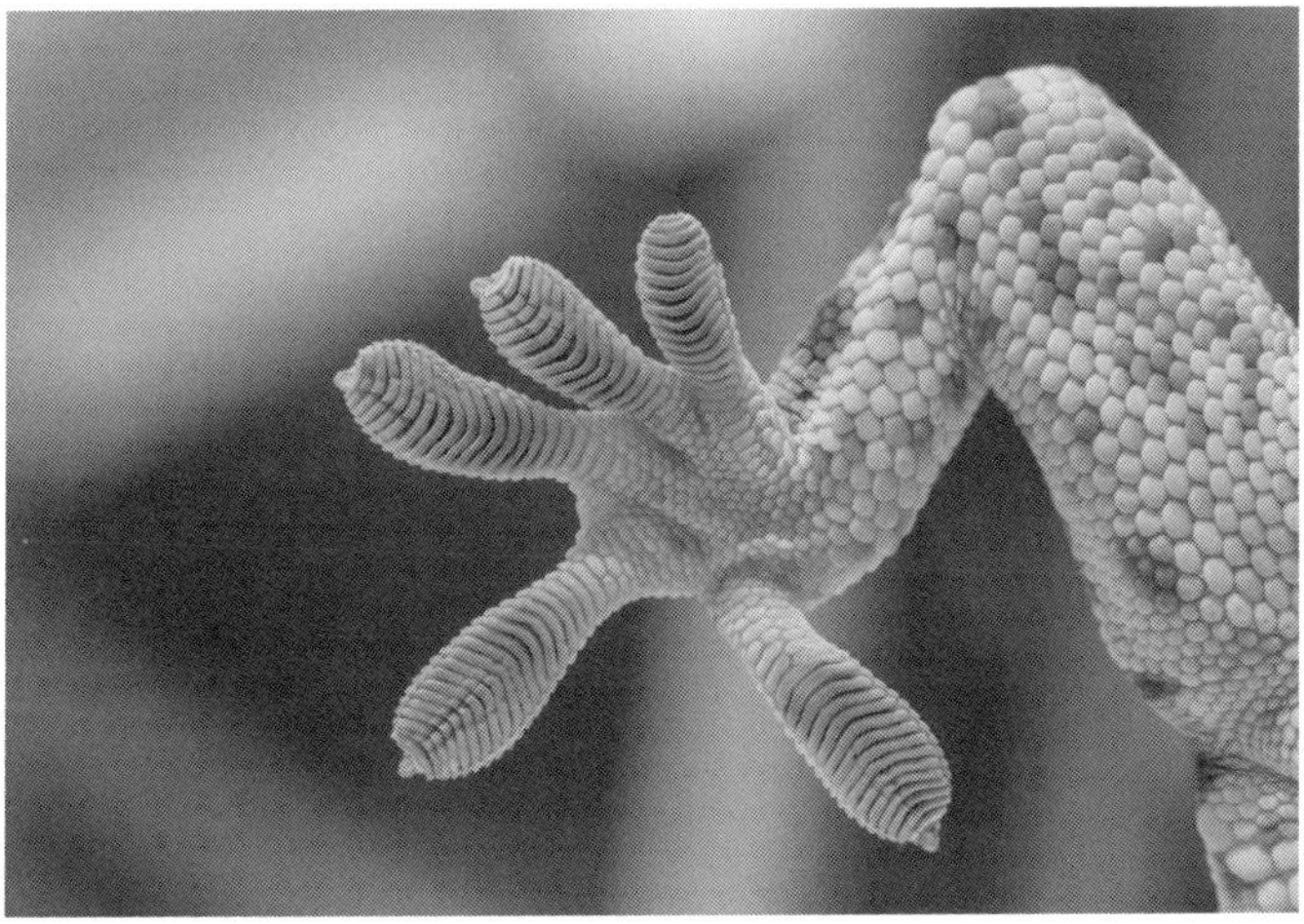

© Mr. B-king / Schutterstock

ヤモリの「秘密兵器」は、指に生えている階層構造をもつ微小な毛と、体を支える釣り合いおもりとして使っている尾である。

だが、カワセミ、タコ、ヤモリを取り上げたのは、皆さんの予想に反して、この魅力的な生物の「機能」には、まだ解き明かされていない謎がたくさんあると思っているからだ。これらの生物の研究には、まだまだ挑むべきたくさんの課題がある。私たちロボット工学者は、仲間の生物学者たちが新たな知見を得るのを心待ちにしている。そして私たちの方では、そうした新しい生物学的な基本原理を、人類の役に立つ現代的なテクノロジーに変換するよう取り組むことで、知の進化に貢献していくつもりだ。

植物界

こうした模倣の試みは、動物だけでなく植物も対象として行なわれている。植物という非常に優美な生き物は、控えめな魅力を湛えながら、洗練されたイノベーションのヒントを私たちにそっと教えてくれる。私は植物を、人類の役に立つ新しい素材や機械の開発のための、汲めども尽きぬアイデアの源泉だと考えている。植物は、私にとっての新たな科学的・技術的な挑戦なのだ。

植物の世界への情熱は、私だけではなく、今も昔もたくさんの科学者やイノベーターが抱いている。例として一番に挙げたいのは、サー・ジョージ・ケイリーだ。一七七三年生まれ、一八五七年没のイギリスの貴族で、数々の飛行機を設計し、英国航空学の父とみなされている。彼は複葉機や三葉機、さらにはヘリコプターの原型まで、いろいろな飛行機のコンセプトを初めて考案した。アイデアが湯水のように湧いてくる優れた発明家であり、生物の形態やその行動戦略の観察から、飛行機開発の着想を得たことで有名である。[11] 彼は、キバナムギナデシコ（*Tragopogon pratensis*）の種子や果実の散布戦略を研究し、パラシュートも設計した。この植物は、「ヤギの髭」という俗名で知られている草本植物である。種子は紡錘形であり、冠毛と呼ばれる羽毛のように柔らかくて絡み合った綿毛がついている。そのおかげで、種子は母植物から遠く離れたところまで飛ぶことができるのだ（これを種子の風散布という）。実際に、冠毛はパラシュートの機能を果たしている。つまり自然は、空気抵抗をできるだけ大きくして、水平飛行の能力を高めるように、この種子を設計しているのだ。冠毛の構造を分析して明らかになったのは、中空繊維〔訳注　中が空洞の繊維〕が束ねられてできた軽い組織で骨組みが作られているということだ。その束から細胞が剥がれて絡まり、薄い組織を作り出す。この組織がパラシュートの傘の部分を形成するのである。キバナムギナデシコでは、繊維が集まって複雑な組織を構成しているが、この組織が実にユニークなのだ。基本的な骨組みが頑丈さを、細い繊維が気体透過性を組織に与えている。そのおかげで、この種子のパラシュートは全体として、頑丈さ、気体透過性、さらに軽量であるという特徴を兼ね備えているのだ。

もう一つ、植物からインスピレーションを得た興味深い飛行機を挙げよう。飛行機の開発に大きな情熱を抱いていたボヘミアの技師、イゴ・エトリッヒによって設計された単葉機（翼が一枚しかついていない飛行機）だ。ヒントを与えた植物は、ハネフクベ（*Alsomitra macrocarpa* 別名 *Zanonia macrocarpa*）である。熱帯のつる植物で、種子は非常に平たく、翼のような形状をし、その先端は上方に向かって曲がっている。全体的には、さながらミニチュアのグライダーだ。この構造のおかげで、この種子は蝶のように空中を飛ぶことができる。高くまで舞い上がると動きが止まって降下しはじめるが、そこで加速すると揚力を得て、またもや上昇する。これは航空学の用語でフゴイド運動と呼ばれる現象によく似ている。フゴイド運動は、オンライン事典「エンチクロペディア・トレッカーニ」によれば「操縦者による介入なしで、空力と重力の作用だけで、地面に対して垂直方向に生じる飛行機の運動」と定義されている。

エトリッヒは、ハネフクベの存在とその種子の特殊性を知るやいなや、この植物に魅了された。彼はまず、この自然のグライダーの小さなサイズのモデルを紙で製作した。その後、少しずつサイズを大きくしながら繰り返しモデルを製作し、ついには翼幅が数メートルのものまでになった。一九〇七年には、飛行可能なグライダーの最初の試作機を完成させ、それを「タウベ」（「鳩」を意味するドイツ語）と名づけた。初飛行は一九一〇年に実施された。

実のところ、植物界からバイオインスピレーションを得て、さまざまな応用分野でイノベーションをもたらした例は数多い。特に二つの例が有名である。それは面ファスナーのベルクロ（Velcro®）と「ロータス効果」だ。前者はゴボウ（*Arctium lappa*）に、後者はハス（*Nelumbo nucifer*）にインスピレーションを得ている。

ベルクロは、これまで作られた面ファスナーのなかで最も有名なものであり〔訳注　日本ではマジックテープがよく知られている〕、スイスのエンジニアであるジョルジュ・ド・メストラルの熱心な観察から生まれた。メストラルは愛犬を散歩させている途中、ゴボウの実の鉤が犬の毛にくっついて、なかなか取れないことに気づいた。優れた研究者である彼は、顕微鏡でその実の構造の観察を始めた。そしてその機能を真似て、犬の毛皮とゴボウの実の鉤に相当するものを人工的に再現した。こうしてベルクロが誕生したのである。この面ファスナーは、接着に関する新技術のうち、世界で最も利用されている製品の一つとなった。一九五二年一〇月一五日、ジョルジュ・デ・メストラルは、この「ビロードのような布地」の特許をアメリカで申請し、世界的な富と名声を得ることになる。

次はハスを見てみよう。ハスの葉の特質である超撥水性については、これまで研究が積み重ねられてきた。ハスの葉は広くて丸く、まるでビロードのようだ。この葉は撥水性が高いのでまったく濡れることがなく、自浄作用が備わっている。実際に観察してみるとわかるが、淀んだ水の中に生えているのに、いつも完全にきれいな状態を保っているのだ。その秘密は、葉の

© LutsenkoLarissa / Shutterstock

スイスのエンジニアであるジョルジュ・デ・メストラルはゴボウの実にインスピレーションを得て、ベルクロ（Velcro®）を思いついた。

表面にある階層状のでこぼこと、幾何《きか》学的な構造にある。さらに葉は、撥水性のあるロウ質のナノ粒子で覆われている。そして、水が水滴となって葉の表面を滑り落ちていく際に、汚れや小さなゴミも一緒に運んでいく。このような特徴をもつ植物は多いが、ハスは他の植物よりもとりわけその効果が顕著だ。この生物学的な特質を出発点に、さまざまな分野で新技術が生み出された。例えば、建物のファサード用の自浄作用のある塗料や、水や食べかすを振り落とすことのできる完全な防水性の布地などだ。

人間の活動に関わる工学的な問題を解決するために、自然の進化の成果を研究する。そうしてわかったのは、何よりもまず自分の周りの世界を注意して観察してみることが大切だということだ。当然ながら、ガリレオ・ガリレイが編み出し、遺してくれた科学研究の方法の出発点は、観察である。物理学者、天文学者、哲学者、数学者であり、何よりも近代科学の父であるガリレオが私たちに教えてくれるのは、知識の獲得こそが原動力となって、既知のものを超えて進み続けていくように人間を導いていくということだ。科学は実験という手法を通して、客観的で信頼でき、検証可能で誰もが共有できるやり方で、知に向かって進んでいかなければならない、とガリレオは示してくれた。そして、誠実に研究が行なわれ、客観的な証拠があるならば、自分のアイデアに対する決意を固め、それが正しいと信じるのが大切だということを、彼の代名詞となる経験を通して教えてくれた。

© Michael Steden / Dreamstime.com

ハスの葉の超撥水性で濡れない表面では、水滴が滑り落ちながら一緒に汚れも運んでいってくれる。

優れた画家で彫刻家である親友が、私にこう教えてくれた。物体は当たる光によって動きと魂が与えられるので、一面を見ただけで満足していてはならない。芸術家というものは世界を「いろいろな」目で観察しなければならないのだ、と。

パブロ・ピカソは言っている。「太陽を黄色の染みにしてしまう画家もいるが、技能と知性を使って、黄色の染みを太陽に変えられる画家もいる」と。(12)

好奇心に満ち、決して満足しない「いろいろな」目で観察してみることこそが、周りの生物を本当に理解し、それを真似るための正しい方法なのだと私は思う。

自然はたくさんのことを教えてくれる。だから私たちがすべきなのは、このいろいろな目で観察し、自然を比類のないすばらしいものにしている特別な光を探すこと、そして自然を尊重するようになること、それだけでいい。

4 自然の実験室

ここまで見てきたように、自然は、私たちの生活の質を向上させることのできる革新的なアイデアとイノベーションを生み出す名人である。このことは、ロボットが工場の外に出ていく時代においては、生物学とロボット工学が手を携えて、実り豊かな成果を生み出すことへとつながっていく。チーターのように猛スピードで走り、昆虫のように空を飛び、近づけない場所や人間には手が出せない状況で活動することは、バイオインスピレーションによるロボットの数ある目的の一つにすぎない。

「はじめに」で見たように、生物からヒントを得るアプローチは、ロボット工学研究に欠かせない主要な要素である。歴史を振り返ってみれば、この分野の研究の多くは、自然環境の中で効率的に動き、活動する動物をモデルとしたロボットを開発してきた。それがアニマロイドだ。バイオインスピレーションによるロボット工学の世界は、まるで動物園である。これまでモデルになった動物は、昆虫、タコ、ヤモリ、サンショウウオ、魚、犬など。もちろん人間もだ。

動物の世界をいろいろと見方を変えて観察すれば、いまだ隠されている秘密を暴くことができる。このことは、バイオロボティクスの研究を見れば明らかだ。生物の機能を模倣するために、生物に秘められたメカニズムを調べることによって、生物学とロボット工学両方の知は前進しているのである。こうした意味で優れた貢献をした事例はたくさんあるが、そのうちのいくつかは特に重要だ。なぜなら、それらは科学者とエンジニアのコラボレーションによって生まれたものだからだ。彼らは手を取り合って複雑極まりない自然に挑戦し、まったく新しい技術を私たちに贈ってくれたのである。

そうした興味深い例の一つが、カリフォルニアのスタンフォード大学のマーク・カトコスキー率いるエンジニアグループが、同じくカリフォルニアのバークレー大学の生物学者ロバート・フルの協力を得て開発した昆虫ロボットである。この研究のために二人の科学者が選んだ昆虫はゴキブリだ。嫌われものだが、ロボット工学と生物学の視点からは興味深い特徴を備えている昆虫である。ゴキブリは、でこぼこした地面の上をすばやく動くことができるし、高速移動しながらも高い安定性を維持できる。ゴキブリの一種、ワモンゴキブリ（*Periplaneta americana*）は、一秒間に体長の五〇倍以上の距離を進むことができるが、これは秒速一・五メートルの速さだ。一〇〇メートルを九・五八秒で走った有名な短距離走の選手ウサイン・ボルトと比べてみよう。ボルトの記録はおよそ秒速一〇・四四メートルで、一秒間に身長の約五・三五倍の距離しか進まないスピードである。つまりワモンゴキブリは、ボルト選手の一〇倍近くも速いのだ！　また、別のゴキブリ種、ブラベルス・ディスコイダリス（*Blaberus discoidalis*）は、重心の位置より三倍高い障害物だらけのでこぼこした地面でも、ひっくり返らずに駆け抜けることができる。

こうした観察から研究を開始したカトコスキーとフルは、ゴキブリの形態や生理の細かな特徴をそれぞれコピーするのではなく、まずある特定の機能の土台となるさまざまな原理を調べ、その後、それらの原理を一つの新技術へと変換したのだ。話がややこしい？　その通り、少しはそうだろう。では例を挙げながら説明していこう。安定した高速走行のできる昆虫ロボットを開発したい、そこで役立つのが、ゴキブリの姿勢の安定性を保つ原理である。すなわち、でこぼこの地面や障害物との接触によって走行が妨害されるときでも決してバランスを失わない能力だ。ゴキブリは移動が難しい状況でも、どうやって安定性を維持しているのだろうか？

その答えは、足の特徴にあった。ゴキブリの足は、概して外側に向かって反っているので、幅広い土台を使って体を支えられる。ゴキブリの重心はたいてい非常に低い位置にあり、体は地面に触れている。外に向かって反った足が低い位置についているおかげで、足が外部の障害物と接触しても、体がひっくり返る可能性が少なくなっているのだ。そして三本の足（片側の前足と後ろ足、それから反対側の真ん中の足）が常に接地した歩行方法をとるので、安定性は増している。さらに、それぞれの足は異なる機能を果たしている。前足は減速に、後ろ足は加速に役立ち、真ん中の足は加速も減速もできる。

ゴキブリを驚異的なランナーにしているもう一つの重要な特徴は、足の関節の柔軟性と伸縮性である。関節を構成している各部の連結部が、妨害に対して即座に反応するのだ。この反応には、神経反射による遅れがない。通常ゴキブリは、自分が歩行している地面に対して自動的・受動的に反応する。そのため、妨害に強いのだ。脳による知覚情報の処理が介入するのは、予想外の事態が起こったときだけ（例えば、高すぎて越えられない障害物やでこぼこのひどい地面などに遭遇したとき）だ。そのときは、脳は走行スピードを落として問題に注目し、解決しようとする。

こうした特徴について研究を進め、マーク・カトコスキーは〈iSprawl〉と名づけられたゴキブリロボット・シリーズを開発した[1]。重さ約三〇〇グラムの完全自律型昆虫ロボットで、電動モーターと柔軟なケーブルによって駆動する。本物のゴキブリと同じく、〈iSprawl〉は外部環境にダイナミックに反応し、一秒間に体長の一五倍を越える距離を移動できる（秒速二・三メートル）。

いったい〈iSprawl〉は何の役に立つのだろう？　生物学的な観点からすると、この小型ロボットのおかげで、モデルになった昆虫の動作の原理について理解が深まった。事実、このロボットの体は、モデルになったゴキブリと同じ環境条件（重力や地面のでこぼこなど）の影響を受けるので、このロボットは自然のゴキブリと人工のゴキブリの特徴を比較するための最良のプラットフォームとなる。生物学の研究にこのロボットを利用すれば、ゴキブリの機能に関する科学的な疑問について、実験して解答を導き出すことだってできるだろう。ゴキブリの行動をただ観察したり研究したりするだけでは解決できない問題に答えることができるのだ。だが忘れてならないのは、このロボットには明確な応用目的もあるということだ。〈iSprawl〉は実験段階のプロトタイプであり、まだ市販されていないが、ごく小さなカメラを取り付ければ、狭い空間や危険で近づくのが難しい場所のモニタリングにも使えるだろう。これは、世界中のさまざまな研究室で取り組まれている多様な昆虫ロボットの開発に共通した目的である。

本章で取り上げる二番目のアニマロイドは、水中で活動する魚ロボットだ。これは最近ボストンのＭＩＴで、海底探査用に開発された。これまでに作られたさまざまな試作機は、自然の生息環境で暮らす海の生き物の研究に適したものではなかった。硬く、でっぱりの多いごつごつした形をしているせいで、水中の動物や植物に接近して調査する際に観察対象を傷つけかねないのだ（サンゴ礁のような環境がどれほど繊細なのか考えてみよ！）。そして、長年にわたる研究と挑戦の結果、〈ＳｏＦｉ（Soft Robotic Fish）〉と呼ばれるＭＩＴの新しい魚ロボットが開発された。[2]〈ＳｏＦｉ〉以前のモデルは、水中の浅い場所しか泳ぐことができなかったし、遠隔操作もできなかった。だが、この〈ＳｏＦｉ〉は先行モデルと異なり、本物の魚にもっと似た、柔らかな素材でできた体とひれを備えている。そのため、静かに身をくねらせることができるのだ。このロボットは泳ぎながら、同じ空間にいる水生生物を継続的にモニタリングし、記録することができる。カメラで周囲の環境を観察することができるし、小型の音響通信モジュールがついているので、ダイバーが速度や方向転換する角度の変更、垂直方向の潜水といった命令を出し、ロボットを制御することもできる。すでに太平洋のサンゴ礁で〈ＳｏＦｉ〉のテストが行なわれ、この魚ロボットは水深一八メートルまで潜水することに成功した。そして生命と色彩に溢れた生態系に生息する本物の魚たちのあいだにうまく紛れて泳ぐことができた。このことから、将来〈ＳｏＦｉ〉は、水生生物と海の動きとの相互作用の研究に活用することができるだろう。

海からやってきたもう一つの驚異のアニマロイドは、〈ＯＣＴＯＰＵＳ〉だ。[3]史上初の「ソフトロボット（柔らかいロボット）」であり、タコにインスピレーションを得て、ピサにある聖アンナ高等大学院大学のチェチリア・ラスキをリーダーとするイタリアの研究者グループ（私もその一員だった）が共同開発した（ソフトロボティクスは、私が取り組んでいるロボット工学分野であり、次章で詳しく取り上げる）。

タコのすばらしい擬態能力、探査能力、知能が備わっていると考えられる腕については、前章で取り上げた。だから、モデルとしてこの並外れた生物が選ばれたことに、読者が驚くことはないだろう。〈OCTOPUS〉は八本腕のシリコン製ロボットで、まさにインスピレーションの源になったタコのように水中を動き、活動することが可能だ。特に、それぞれの腕を――本物のタコのように――静止しているときの長さに比べて二倍以上に伸ばすことができる(4)。

普段タコがこの戦略を使うのは、例えば、安全に巣の中にいたままで腕一本だけを外に伸ばし、縄張りに入ってきた貝などの物体をつかんだり、周囲の環境を探査したりするときである。同じ特徴をもつロボットの腕なら、思いも寄らないような実際の状況に応用できるだろう。例えば、深い井戸や配管の内部を探査したり、そこから物体を回収したりできるし、工場で物体を扱う際にも活用できるだろう。

カトコスキーとフルの小さなゴキブリロボット、〈SoFi〉、〈OCTOPUS〉、さらには

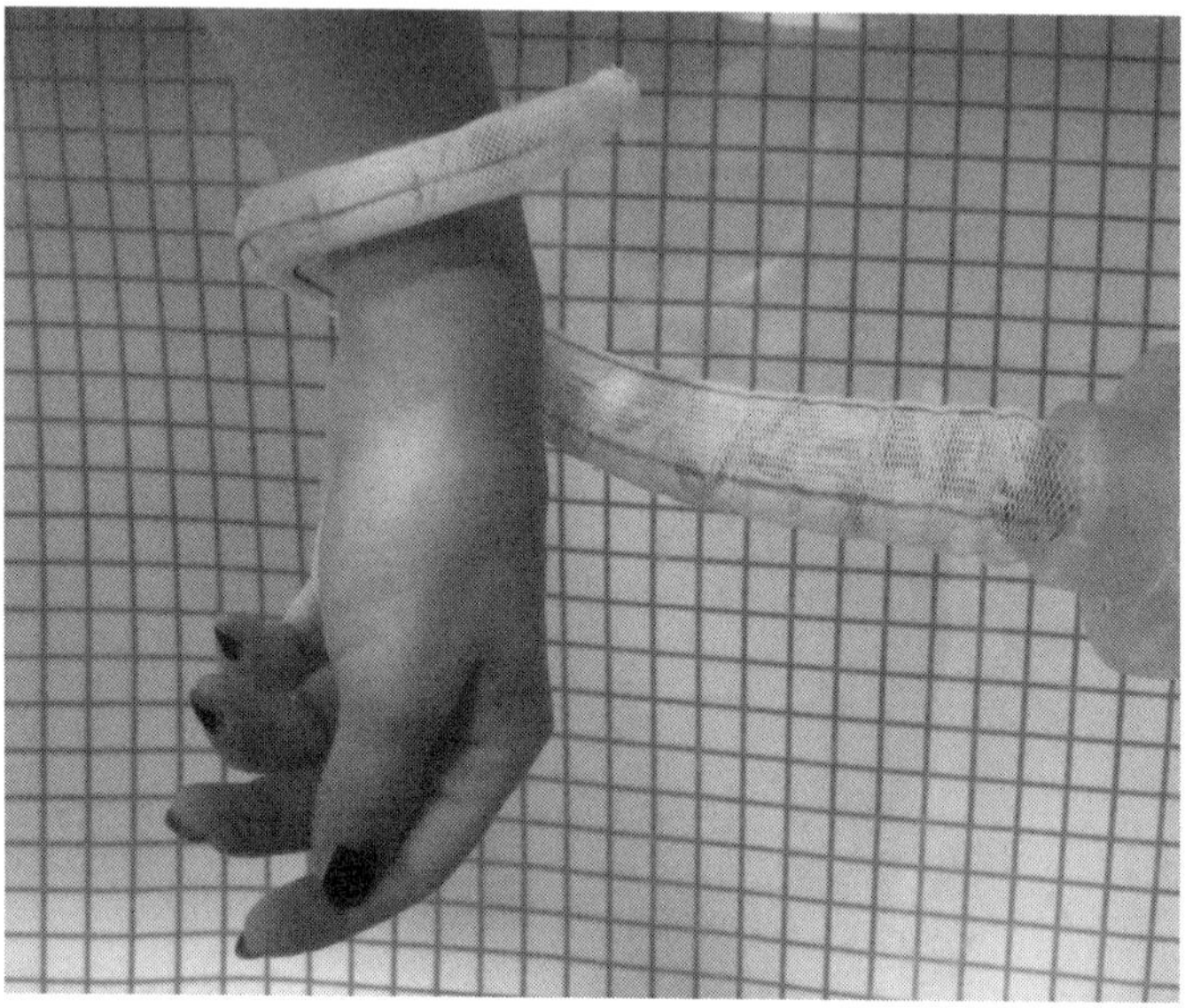

© Istituto di Biorobotica, Scuola Superiore Sant'Anna

〈OCTOPUS〉ロボットの腕は本物のタコのように、静止した状態に比べて2倍以上に伸びる。

以降の章で紹介する他の動物ロボットたちにはすべて、ある共通点がある。それは、研究のプラットフォームであると同時に、特定の用途をもった機械でもあるという、二重の性質をもっていることだ。この生物学とテクノロジーの合体こそが、ロボット工学におけるバイオインスピレーションの真の本質なのだ。それは、偉大な実験室である自然についての知識を加速度的に増大させる、とてつもなく強力な要素でもある。だが実際に前進しているのだろうか？　アニマロイドの研究は、バイオインスピレーションの入り口で立ち止まったままなのか、それともバイオミメティクスの観点から、人類の知を進歩させることができたのだろうか？　これについては、次の章で一緒に答えを探していこう。

5　進化の謎に挑む動物ロボット

この数十年の研究で、あまりに多くのアニマロイドロボットが開発されているので、すべてを取り上げるわけにはいかない。本章では、いくつかの面白い事例を紹介するだけにとどめておく。面白がってもらえればありがたい。これらは、モデルに選ばれた生物と、それがどんなロボットになったのかという点で、特に興味を引く事例だ。長々と理論的な説明をするよりも、私がバイオミメティクスによるロボット工学について伝えたいことをわかりやすく語ってくれるだろう。

ウミガメと進化のミステリー

ヴァッサー大学のジョン・ロングが取り組んでいる研究は、いつも私にひらめきを与えてくれる。正規に研鑽を積んだ生物学者であるロングの研究の中に、自然から着想を得た機能をもつロボットの開発に役立つ、面白いアイデアを見つけることができるのだ。彼の製作したロボットは、定められた活動を正確に遂行するだけではなく、モデルとなった生物の進化の起源そのものを理解する上でも役に立つ。まさに完璧な好循環だと言えるだろう。

ロングが設計した最も興味深いロボットの一つは、〈マドレーヌ〉である。このロボットは、特にその開発目的が斬新だ。ある科学理論の正しさを実証するために開発されたのである。その理論とは、進化論だ。

〈マドレーヌ〉の形はウミガメに似ている。正確には、ヒメウミガメ（*Lepidochelys olivacea*）だ。オリーブグリーン色のとても美しい小型のカメで、体長は最大でも八〇センチほどである。〈マドレーヌ〉は、水中移動のエネルギーコストについて研究するために開発された。本物のカメのひれと同じ硬さの四枚のポリウレタン製（マットレスや自動車の座席に使われているものと同じ素材）のひれを使って、カメの泳ぎ方を模倣する。海中航行のためのセンサーも備えており、体内にはコンピュータが組み込まれ、動作を制御している。

どのような進化のプロセスによって、脊椎動物は大昔のプレシオサウルスに典型的だった四肢を使っての泳ぎではなく、二肢を使って泳ぐように進化したのか。ロングは〈マドレーヌ〉を用いて、それを解明しようとしているのだ[1]。プレシオサウルスは巨大な水生爬虫類で、正真正銘の（海や湖に生息する）モンスターだ。外見はスコットランドのネス湖に棲んでいるという伝説の存在、かの有名なネッシーとよく似ている。一九世紀にプレシオサウルスの最初の化石が、まさにグレート・ブリテン島で発見されたのは、ひょっとすると偶然ではないかもしれない。現地では、プレシオサウルスは「カメの甲羅に入り込んだヘビ」とも呼ばれている。この化石がカメと近縁でないのは明白だが、形態の上では、この呼び名はまさにふさわしいと言える。事実、プレシオサウルスは長い首か長く突き出た吻《ふん》（時にはその両方）を備えており、胴体は短くて幅広く、かなり平たい。水中に生息しているが、魚と同じ泳ぎ方はできない。胴体にほとんど柔軟性がなく、尾は短すぎるからだ。代わりに四肢が櫂《かい》のような構造に進化し、それを使ってウミガメに似た動きで泳ぐ。すなわち、漕ぐというよりも水中を「飛ぶ」のである。

したがって、生物学や進化論における魅惑的な謎を解明するのに、〈マドレーヌ〉が役に立つのだ。その謎は、数世紀前から古生物学者たちの関心を引きつけ、映画『ジュラシックパーク』ファンや水生モンスター伝説の愛好家たちをも魅了している。その謎とはすなわち、ジュラ紀のあいだ地球を支配していた巨大な四足類の泳法はその後、どうして今日優勢となった別の泳法に取って代わられたのか？　言い換えるなら、どうして四枚のひれから二枚のひれによる泳ぎ方へと移行していったのか？

〈マドレーヌ〉は、二枚のひれでも四枚のひれでも泳ぐことが可能だ。そのため、私たちに進化について実によく教えてくれる。よくあることだが、どの泳法が選ばれるかについても、コストと利益が関わってくるのだ！　四枚のひれでの泳ぎには、いくつかはっきりとした利点がある。例えばプレシオサウルスは四枚のひれを使うことで、加速と急停止ができ、動作を巧みに操作できる。では、このことから何がわかるのか？　それは九〇〇〇万年前、プレシオサウルスは水中を上手に泳ぎ回ることができたということだ。動かずにじっと獲物を待つタイプの捕食者ではなく、すばやく高速で泳いで獲物に追いつき、捕まえることができたのだろう。しかしながら四枚のひれを使った泳ぎは、二枚のひれに比べて二倍のエネルギーが消費される。水中生活に戻った今日の脊椎動物たちは、魚を捕まえるために、時には長い距離を泳がなければならないこともある。したがって、進化論的な観点では四肢での泳ぎはエネルギー面で不利なので、現代の脊椎動物――カメ以外にも、水鳥、ペンギン、アシカやトドのような哺乳類など――は、先史時代の脊椎動物とは異なり、二枚のひれ（や足）を使って泳いでいるのだ、と説明できる。ひれが四枚ある場合、残りの二枚のひれは泳ぎを制御する舵として使われ、動作に応じて機能を使い分けている。

〈マドレーヌ〉は、ロボットが非常に効果的な研究のプラットフォームとなりながら、それと同時に実用的な機能も果たせることを示している。この愛らしいカメロボットの場合は、海底探査の際のエネルギーの消費を最小に抑えるとともに、環境に優しい解決策を提供してもいるのだ。

陸地に進出したサンショウウオ

古生代には、もう一つ別の大きな進化の謎が隠れている。バイオロボティクスはロボット動物園を使って、この謎を解明するのに一役買った。

時はデボン紀。四億一〇〇〇万年前から三億六〇〇〇万年前までの時期で、淡水にも海水にも魚が豊富だったため、「魚の時代」とも呼ばれている。この地質時代の化石からわかるのは、当時は亜熱帯の暑い気候で、乾季が長く続き、水温は三〇度に届くこともあったということだ。干ばつと豪雨の時期が交互に訪れ、雨季には川や湖の水量が増した。続いて干ばつが起こると、広々とした湖は棲むのに適さない淀んだ水たまりに変わった。やがて最古の水生植物や半水生植物が生まれ、さらに最古の樹木も登場した。それが発端となり、次の石炭紀に森林が形成されることになる。中国北部の砂漠で発見されたデボン紀の中期〜後期の植物の化石からわかったのは、当時の樹木には今日の樹木とは異なる構造をもつものがあるということだ。デボン紀の樹木は、幹が細いわりに非常に背が高く、内部構造は複雑だった。こうした木々で形成された森林は、空気中に大量の酸素を放出し、それと同時に二酸化炭素を吸収したので、地球は生物にとって以前より暮らしやすい場所になった。だが驚くことに、こうした背が高くてほっそりした木々は、後世に子孫を残すことなく絶滅した。原因はまだはっきりわかっていない。

脊椎動物は長い歴史の中でさまざまな冒険に挑んできたが、最大の冒険はデボン紀における「陸上への進出」だろう。この時代で最も一般的な硬骨魚類は、総鰭《そうき》類の魚だった。これは攻撃的な肉食性で、この魚から最初の陸生の脊椎動物が進化したと考えられている。総鰭類には、古生代末までに絶滅した扇鰭《せんき》目と、絶滅したとみなされていたが実は現在まで生き延びていたシーラカンス類が含まれる。このシーラカンス類の現生属が、「生きた化石」と呼ばれるラティメリアだ。一九三九年に南アフリカの海岸沖で捕獲され、当時の科学者たちに大変な驚きをもたらした。それ以来、コモロ諸島（南アフリカとマダガスカル近くのインド洋上にある）沖の深海をはじめとする多くの場所で、多数捕獲されている。ラティメリアは四肢動物の祖先とは似ても似つかない姿だが、水中から地上への生物の移行を理解する上で、この魚の研究はとても重要なのだ。陸上への移行の起源をたどると、総鰭類の扇鰭目にまで遡れる可能性があるからだ。これはラティメリアの頭蓋骨、脊椎、ひれ、歯についての綿密な検査から浮かび上がったことである。

だが、水中移動から陸上移動への移行によって、体のメカニズムはどのように変わったのか？　それはどういう理由で起こったのだろうか？

すでに述べたが、長く続く干ばつの時期には、淡水はかなり減少した。総鰭類にはすでに肉質のひれが備わっていた。そのひれがさらに発達すれば、それを使って陸上を這って進み、一番近くにある水たまり（そこでなら、魚としてこれまで通りの生活が続けられるだろう）にたどり着けるかもしれない。

最初の四足類がどれほどとてつもない芸当に挑まなければならなかったのか、想像してみてほしい。そして、それがもたらした一連の大きな構造的・機能的な変化について考えてみてほしい。最もはっきりとした変化は、移動方法（水泳から四肢を使った移動へ）と主要な呼吸方法（えら呼吸から肺呼吸へ）だ。重力に耐えるために体全体も大きく変化し、さらに視覚器をはじめとする感覚器官も、新しい環境条件に適応しなければならなかった。

地球の進化史におけるこのきわめて重要な時期について、わからないことはまだ多い。数々の謎が深い霧のようにたちこめるなか、科学者たちは化石や新たな知見を手に奮闘しているが、バイオロボティクスもその謎解きに貢献し、陸上への移行に関する非常に重要な謎を解明しようとしている。最も原始的な陸生の脊椎動物は、両生類である。その語源はギリシア語の

anphibiosで、「二つの生をもつ」という意味だ。では両生類は、どのようにしてその名の通り、水中と陸上の双方の生活に適応したのだろうか？

今日、両生類には、カエルやヒキガエル、イモリ、サンショウウオ、さらにはミミズのような姿の土中の生物がいくつか属している。特にサンショウウオは、この問いの答えを探すのに役に立つ。魚を起源とする原初の両生類に姿がよく似ているからだ。体は長いが頑丈であり、力強い筋肉と、泳ぎに非常に適した尾をもっている。サンショウウオの移動は基本的に、体の横に突き出た足を使って行なわれる。サンショウウオは、泳ぎと歩行という二つの移動方法をすぐに切り替えることができる。泳ぎ方は、原始的な魚であるヤツメウナギに似ており、四肢を後方に曲げ、体を頭から尾まですばやく波のようにうねらせて泳ぐ。一方、陸上では、はす向かいの足を一緒に動かして、体をSの字にしながら、非常にゆっくりとした足取りで進む。

トレントの科学博物館（MUSE）の古生物学者たちが数年前に発表した論文によれば、現存するサンショウウオは、形態とバイオメカニクス（生体力学）の点で、絶滅したペルム紀の両生類と酷似しているという(2)。彼らが述べているように、小さなサンショウウオが下生えの中を歩いている様子を観察するのは、三億年前の時代にタイムスリップするようなものだ。その時代、サンショウウオと同じような姿をした両生類たちは、すでに進化によって移動運動の力学的な仕組みを発達させ、現在と同じように移動したり歩いたりしていたのだ。

スイス連邦工科大学ローザンヌ校のアウケ・エイスペールトのチームは、ファイアサラマンダー（*Salamandra salamandra*）とイベリアトゲイモリ（*Pleurodeles waltl*）という二種の生物を研究し、〈サラマンドラ・ロボティカ〉という名のロボットシリーズを開発した。目指すは、水生から陸生への移行の謎を解き明かすことである。このサンショウウオロボットは、ヒントを与えた動物と同じく、水陸両用だ。四肢があり、可動性の背骨があるので、水中をウナギのように泳ぐことも、地面を歩くこともできる。本物のサンショウウオとロボットを比較すると、ロボットの歩き方は本物と驚くほど似ている。特に、体と四肢の動きのテンポと、泳ぎから歩行へ、歩行から泳ぎへと切り替わる際の移動速度の変化がそっくりだ。

他の脊椎動物と同様に、サンショウウオの歩行は、ある特殊な運動出力を形成する神経回路によって生み出されている。専門用語で「中枢パターン発生器（CPG）」と呼ばれるこの回路は、リズミック（周期的）な自動運動、つまり脳による制御なしで行なわれる運動を司っている。(3) 例えば移動運動、咀嚼《そしゃく》、嚥下《えんか》、呼吸のような基本的な運動を、この神経回路が制御しているのである。

研究者たちはCPGモデルを使って、サンショウウオによる泳ぎと歩行の切り替え能力を説明しようと考え、それをロボットにも組み込んだ。サンショウウオロボットの運動を制御する信号がコンピュータから発せられると、信号はまるで脊髄を通るかのごとく、ロボットのボディを構成する各部を通っていく。(4) そして信号は足に伝わり、そのときどきに応じて泳ぎ運動と歩行運動を制御し、速度や方向、歩き方を調整する。

この人工のサンショウウオは周囲の世界と相互作用をしている。そのためこのロボットは、波状の運動から、体と足の運動を調整する能力がどのように生まれ、移行していったかを研究するのに理想的なモデルとなるのだ。〈マドレーヌ〉で見たように、絶滅した動物を扱うときでも、ロボットは完璧なプラットフォームとなり、そうした動物やそれが当時の環境でどのように動いていたのかを研究することができる。私たちを取り巻く自然の世界すべてを、人工システムの設計と開発を通して理解したい、とまでは望まないとしても、動物はなぜ泳ぎ、飛び、よじのぼり、這うことができるのか、その秘密を理解するためにロボットを利用しようと考えるのは当然のなりゆきだろう。研究対象が現存している生物であれ、より調査の難しい、はるか遠い昔の時代の生物であれ、それは変わらない。

サンショウウオの基本的な身体構造は、数百万年のあいだに生じた環境や生態系の変化を乗り越えられるものだった。結果として、この動物はそれほど改変されることはなく、身体構造は祖先の頃から大して変わっていない。したがって、サンショウウオとそのロボットは、古生物学者にとって役立つ研究モデルになるし、三億五〇〇〇万年以上前に生き、陸地に進出し始めていたこの両生類の形態と移動戦略について教えてくれるのだ。

スイス連邦工科大学ローザンヌ校で開発された〈サラマンドラ・ロボティカ〉は、水中をウナギのように身をくねらせて泳ぐことも、地面を歩くこともできる。

壁をすばやく登ったり降りたり

動物の秘密のうち、人間が最もうらやんで研究したのは間違いなく、壁や険しい場所を這いのぼったり、そこからあっという間に降りたりできる能力だろう。残念ながら、私たち二足動物にはできない業だ。重力によって無情にも地面に縛りつけられている私たちにとって、どこから見ても超能力のように思えるその能力は、人間の空想に大きなインスピレーションを与えてきた。この能力を備えたスーパーヒーローがいるのは偶然ではない。スパイダーマンがそうだし、バットマンやキャットウーマンもこの能力をある程度もっている。

垂直の壁面上を動くのは、動物にとっても危険で難しいことだ。それがガラスのような滑らかな素材でできたものでも、樹皮のようにざらざらしたものでも、家の壁や岩のような硬いものでも、布のように比較的柔らかいものでも、危険で難しいことに変わりはない。それぞれの状況に対応するため、自然はさまざまな解決策を発明したし、複数の解決策が組み合わされている場合も多い。一例として、棘、吸盤のついた足裏、爪、鉤爪が挙げられるが、これらは、昆虫、クモ、アマガエル、リス、ヤモリがとっている戦略のごく一部にすぎない。すでに第3章で、ヤモリが指の内側の薄膜、剛毛（セタ）、ヘラ状の毛（スパチュラ）の三重の階層構造を使って、接触面に対して弱い力を生じさせることを見た。だが、ヤモリが完璧なロッククライマーで、何時間も壁にくっついていられる秘密はこれだけではない。ヤモリは、自分の体重を足に自在に分散させることができ、それによって階層構造が生み出した吸着力をさらに強めることができるのだ。

ロボット工学は、この驚きの才能をもった小さな動物に注目し、研究を行なっている。目指すは、本物のヤモリと同じくらい俊敏で、非侵襲的な環境探査ロボットの開発である。つまり、モニタリングする地域の動物相や植物相にダメージを与えず、邪魔することもなしに環境を探査できるロボットだ。

すでにゴキブリの研究で本書に登場したロバート・フルは、最近、ヤモリの尾について新発見をした。それによると、できるだけ長く体を壁面にくっつけさせる上でも、足が壁面にくっつく力を失ったときにも、尾は重要な役割を果たしているという[5]。事実、ヤモリは落ちそうになると、尻尾全体を壁にすばやくくっつける。そうやって体全体を壁面に接触させると、次は足を使って、再びバランスと安定性のある体勢を取り直すのである。

ヤモリが壁面を這いのぼることのできる秘密と、あれほど効率よく這いのぼれる理由を簡単にまとめるなら、次のようになるだろう。まず、ガラスから樹皮にいたるさまざまな素材の表面上で広い接触面を確保し、体重の負荷を均等に分散することのできる足裏組織の階層構造。それから、壁面にくっついたり離れたりするよう制御できること。さらには、安定性を増すために力を分散制御できること。

しかし、これらの特徴は、どうしてロボット工学にとっても興味深いのか？　また、これらの特徴を模倣するには、どうすればいいのか？

ゴキブリロボット〈iSprawl〉を開発したマーク・カトコスキーは、〈StickyBot〉という名の実にすばらしいヤモリロボットを開発した。〈StickyBot〉の外見は、ヤモリに非常によく似ている。長い尾と四本足をもち、各種ポリマーやカーボンファイバー、布地で作られている。このヤモリロボットは、ガラス、セラミック製のタイル、アクリル、磨き上げた花崗岩など、さまざまな素材でできた垂直の壁面を最速で秒速四センチの速さで這いのぼることができる。このロボットを完成させるために、マーク・カトコスキーは数年前に、新しい製造技術（シェイプ・デポジション製造法）も開発した。[6]　この技術によって、電子部品やモーターのような硬いパーツを、柔らかい素材に接合することが可能になった。この技術がさらに進化したのが、近年開発された３Ｄプリンタだ。複数の素材を同時に用いて、立体の構造物を生成することができる。前世代の装置に比べて、コスト、時間、正確さの点で明らかに優れている。３Ｄプリンタをはじめとする同様の技術をバイオインスピレーションによるロボット工学に活用すれば、形態だけではなく構造の面でも、自然の生み出したものに近い人工物を開発できる。つまり、硬い部品（生物の骨格に相当する）と、柔らかい部品（筋肉、関節、内臓に相当）が含まれた

© Mark R. Cutkosky http://bdml.stanford.edu

スタンフォード大学で開発されたヤモリロボット〈StickyBot〉は、ガラスからセラミックまで、あらゆるタイプの壁面を這いのぼる。

装置だ。実際、大部分の生物は、変形可能な柔らかな素材でできあがっているのだ！　硬い内骨格を備えた動物でも、その体は主に柔らかい組織や液状の成分からできている。人間を例に考えればそれがよくわかる。成人男性の場合、一般的に骨は体重の一一パーセントしか占めていないのに対し、骨格筋は平均して体重の四二パーセントを占めているのだ。加えて、動物の移動運動をサポートする役割（消化、気体や熱の交換）を果たしている部位は、柔らかで非常に変形しやすい[7]。要するに、自然は柔らかい組織が大のお気に入りなのだ。自然の秘密と戦略を取り込んだテクノロジーを開発したいなら、このことを無視するわけにはいかない。

こうした状況を背景に、およそ一〇年前、ロボット工学に新たな分野が誕生した。バイオインスピレーションによるロボットのみならず、将来開発されるロボットの製造方法にも革命を起こそうとしているこの新分野は、ソフトロボティクスという。目的は、柔らかくて変形可能な素材やパーツを部分的に用いたロボットの開発である。こうしたロボットは、事前に整えられていない環境で活動することが可能だ。したがって、バイオロボティクスとソフトロボティクスは、密接につながっている。

動物たちがどのように柔らかい素材を用いて活動し、周囲の環境に適応しているのかを研究することが、ソフトロボットを設計する上で非常に有益なのは明らかだろう[8]。例えば、四肢を備えた動物ロボットを作るには、モデルにした生物の骨格と筋肉の組織構造を模倣すればいい。

外界における足と体の支持能力と、受けた刺激への適応能力をそれぞれ再現することによって、複雑な運動制御を減らすのだ。* 将来、ソフトロボットや、そこから生まれたテクノロジーが、外科医療の分野で応用されるかもしれない(9)。柔らかな器具であれば、体組織にダメージを与えずに接触して処置することができる。また、物体に触れる操作にも応用できるだろう。例えば農業で、果実や野菜の成熟度を確認するために活用できる。

ここまで、この一〇年に開発された有名なアニマロイドたちを見てきた。余すところなく、とはいかないが、それでも代表的なロボットを紹介できたと思う。最後にソフトロボティクスのことを述べて、この簡単なロボット概説を終わりにしよう。本章冒頭で述べたように、生物学と工学技術が組み合わされたことで実り豊かな結果がもたらされたが、その最先端の成果が柔らかいロボット（ソフトロボット）だと言えよう。この二つの学問分野の出合いから、きわめて有望な新技術がいくつか生まれようとしているのは間違いない。そうした新技術を使えば、

＊人間を含め、あらゆる動物は、関節と柔軟な組織構造のおかげで、神経による制御なしに環境に適応できる。事実、私たちは歩いているときに、地面のでこぼこについて「考える」ことなく、つまり大脳による意識的な制御なしに、うまく対応している。何らかの困難が生じたときのみ（例えば、つまずいて転びそうになったとき）、脳はその問題に注意を向ける。ゴキブリやゾウでも、同様の現象が起きている。

後の世代によりよい別の未来を残せるのではないか。それは持続可能で、進歩し、ついに自然との調和を遂げた未来だ。

6 私たちに似た機械

動物の世界にヒントを得て作られたロボットのうち、最も魅惑的なのは（そして、最も想像力を刺激するのは）、ヒューマノイドもしくはアンドロイドである。私たち人間に似せて作られたロボットだ。

一九八〇年にアルベルト・ソルディが監督した映画『私とカテリーナ』は、まさしくこのテーマを取り上げたものだ。この映画は、主人公エンリコ・メロッティと彼が所有するメイドロボット、カテリーナとのあいだに築かれるデリケートな関係を描いている。エンリコは、自分の生活をわずらわす女性たち（妻、家政婦、愛人）から解放されたくてカテリーナを購入するが、カテリーナは主人に恋をしてしまい、彼の生活を激しく縛るまでになる。これまで彼が関わった生身の女たちのように、いやそれ以上に。このイタリア映画の小さな至宝――ロボットを題材にしたイタリア映画は多くはなく、これは珍しい例だ――は、アンドロイドにまつわる通説が引き起こす不安を実に巧みに描いている。そうした不安は、イタリアだけのものではない。

ヒューマノイドについて語るとき、私たちはしばしば映画『ターミネーター』のイメージを思い浮かべる。私たちそっくりの姿をしていて、人類に反逆する機械、というイメージだ。だが、それはまったく現実とはかけ離れている。確かに、三〇年以上前に最初の人間型ロボットが誕生して以来、ヒューマノイド研究は飛躍的な発展を遂げた。だがその目的は、人間を全滅させたり人間に取って代わったりすることではなく、数々の場面で人間の手助けをすることである。

完璧なまでの美しさと機械工学的能力を兼ね備えた例が、ボストン・ダイナミクス社が開発した〈アトラス〉だ。身長一五〇センチ、体重七五キログラムのヒューマノイドで、アルプスアイベックスのように敏捷に動くことができる。〈アトラス〉は急な坂も歩くことができるし、走りながら周囲の環境に自分の体を合わせ、まるでパルクールのように軽やかな動きで障害物を越えることもできる。

ヒューマノイドの大きさや「顔」は実に多彩で、その用途もさまざまだ。将来、例えば〈アトラス〉のようないわゆる「コーボット」（協働ロボット）たちが、工場で人間と並んで仕事をするようになり、重労働や物体を操作するときに、人の手助けをするようになるだろう。家庭で家事の手助けをしたり、老人の介護をしたりするために開発されるヒューマノイドもいるだろうし、博物館や空港の案内役に使用されるものもいるだろう。

さらには、人間がアンドロイドとどのように交流し、それによってどんな感情が引き起こされるのかを研究するために、人間の姿をしたロボットも作り出されてきた。それが、日本の大阪大学の石黒浩が開発した〈ジェミノイド〉だ。〈ジェミノイド〉という名前は、ラテン語のjeminus（つまり「双子」）に由来する。人間のモデルそっくりに作られたロボットであり、シリコン製の人工皮膚と本物の髪を備えている。石膏鋳型を使ってモデルの顔の造形を複製し、体の方は3Dスキャナーを使って再現している。石黒は、自分自身や自分の家族にそっくりのクローンロボットを数体開発してきた。モデルに酷似したロボットは、世界の多くの人々にとっては異様で、不安をそそるものだろう。だが石黒はこうしたモデルを選んだ理由について、外見は個人のアイデンティティの重要な部分であるからだ、と簡潔にまとめている。例えば、ある人物にそっくりのロボットは、その人の外見を将来の世代に伝えるために使うことができるだろう。だが石黒が意図している真の目的は、自分自身の個人的な経験を双子アンドロイドと共有し、また双子アンドロイドの経験を自分が共有することだ。数年前、ローマ・ヨーロッパ・フェスティバルに参加するためにイタリアを訪問した際、石黒は『レプッブリカ』紙のインタビューで、自分の哲学を次のように説明していた。「私は、人間に代わって仕事をするだけの機械を作りたいと思ったことは一度もありません。感情移入できるような関係を築けるほど人間そっくりのものを作りたいのです。アンドロイドは私たち自身の鏡です。アンドロイドたちは、私たち人間の本性をよりよく理解するための手がかりとなってくれるのです[1]」

　私たち西洋人には、この人間とアンドロイドとの親密な関係は風変わりに思えるし、それが役に立つとはちょっと理解しがたい。しかしながら、人間とロボットの交流が肯定的な結果を生み出すことを実験で検証した科学研究は確かに存在する。

〈パロ〉は、アザラシの赤ちゃんの姿をしたロボットで、およそ二〇年前、日本の柴田崇徳のグループによって開発された。おもちゃのように見えるかもしれないが、セラピー用に開発されたロボットであり、現在は第八世代が市販されている。柴田の率いる日本人研究者グループによる研究では、高齢者が〈パロ〉と交流すると、人間の「患者」に、コミュニケーションや社会性の点で明らかな改善がもたらされることがはっきり示されている。この愛らしいロボットは白い毛に覆われ、各種センサーの複雑なネットワークを備えているので、周りからの刺激に反応できる。このロボットを撫でるとき、その生き生きとした大きな目とかわいらしさに抵抗できようはずもない。

だが、こうした慈しみと情愛の感情を覚えるのは、あらゆる種類のロボットとの交流に私たち西洋人よりも慣れ親しんでいる一般的な日本人ユーザーに限ったことなのだろうか？　実はそうではないのだ。シエナ大学のコミュニケーション科学学部が企画し、パトリツィア・マルティが指揮した、イタリア人だけを対象にした研究プロジェクトが、それを証明している。さまざまな種類の認知障害をもつ老人や子供のいる現場で、実際に〈パロ〉を使って一連の検証実験が行なわれたのだ。〈パロ〉と接しているあいだ、被験者たちの注意力と、人と関わろうとする意欲が明らかに向上したと記録されている。[2]こうした成果は多数挙げられるが、パトリツィア・マルティはいくつかのインタビューで、重い認知症を患う一人の老人患者が、〈パロ〉と一緒にセラピーのセッションを数ヵ月行なった後に改善が見られたと、誇らしげに語っている。その男性患者は大変攻撃的で、誰ともコミュニケーションがとれなかったが、このロボットがいると介護されることを受け入れ、完全に意味の通る言葉を発することができ、攻撃性のレベルも著しく低下したという。[3]

アンドロイドにはもう一つ、重要な用途がある。それは、数々の動物ロボットの事例でも見てきたように、科学的な目的のために使うことだ。人に直接実験できない特質に関する研究でも、代わりにロボットを使って実験することができるのである。魅惑的な一例を挙げよう。この事例では、ロボットが神経科学理論モデルを検証するための理想的なツールになっている。これも日本の事例だ。京都にある国際電気通信基礎技術研究所（ＡＴＲ）は、マンマシンインターフェイス研究とロボット工学における世界トップの研究機関である。その脳情報通信総合研究所の所長を二〇一〇年より務めている川人光男は、二〇年前から人間の運動制御と脳機能の研究のためにヒューマノイドをプラットフォームとして活用してきた。「脳を創ることによって脳を知る」というのが、川人の研究目的である。脳のニューロンの相互の情報伝達の仕方を電気信号の伝達プロセスで再現し、それによってマシンに単純な動きをさせようと試みている。これはまだ最初のステップだが、いずれもっと複雑な脳の機能を理解する手助けとなるだろうし、そうして得られた知見は、例えば脳卒中、神経疾患、さらには認知障害や行動障害などの診断や治療に応用し、役立てることができるだろう。

東京の早稲田大学では高西淳夫の研究チームが、人間についての解剖学的、形態学的、神経生理学的な研究をもとに、人間のように二足歩行ができるロボット〈WABIAN-2R〉シリーズを開発した。〈WABIAN〉がきわめて巧みに人間の歩行をシミュレートできるのは、ひざを屈伸できることと、両足の優れた可動性のおかげである。ロボットの歩行の研究によって、体の動きに影響を及ぼす疾患について重要な解決策を見出せるだろうし、高齢や外傷のせいで歩けなくなっている人のための歩行補助装置も開発できるだろう。

だが、人間の研究に応用できるロボット開発という新たな地平に向かって刺激的なレースを展開しているのは、日本だけではない。ジョルジョ・メッタの指揮の下、ジェノヴァのイタリア技術研究所に所属する私の同僚たちのチームが、実にユニークなヒューマノイドロボットを開発した。それは〈iCub〉と名づけられた子供型ロボットで（「i」は『われはロボット（*I, Robot*）』を書いたアシモフを記念して、「Cub」は『ジャングルブック』で人間の仔を表す「man-cub」から）、子供の知覚、認知、運動能力、ひいては知能の発達を研究するために開発された。[4] 二〇〇四年にジェノヴァ大学の研究室で、ジュリオ・サンディーニとジョルジョ・メッタの研究グループによって、〈iCub〉の開発が始まった。その後も改良が続けられ、現在第三世代まで作られている。身長は一〇四センチメートル、ほぼ五歳の男の子の身長に相当し、今日では世界各地の三六の研究室で活用されている。

〈iCub〉の最終目的は、人間の脳の認知的な側面、特に、行動をどのように制御しているのかを研究することだ。そうした研究を行なうには、〈iCub〉は人間のさまざまな行動パターンを、ある程度複雑なレベルまで模倣しなければならないし、そのためには視覚と聴覚のシステムを備え、人間と同じように動けなければならない。こうして〈iCub〉は、最初は這うことを学び、次は歩くこと、対象物と関わり合うことを学び、経験を積み重ねることで、さまざまなことを学んでいく。このロボットの手は、高度なマニュピレーション動作（手による操作）ができるように設計されている。人間にとっての手は、成長期における知能の発達に必要不可欠な、認知のためのツールだからだ。手で触れることで物体の形を捉え、形を土台にしてその物体を認識し、理解していく。そうした動作を通して、人間の知能は発達していくのである。

こうした科学的に重要な目的に加え、最近になって研究チームは「社会的交流」というテーマにも注目するようになり、このロボットが人間の欲しているものを理解し、人間であるかのように他者と協力できるようになることを目指している。〈ｉＣｕｂ〉は、顔の表情を変え、対話している相手や物体に視線を向けることができる。こうした能力は、人間と交流しなければならないロボットにとっては必要不可欠なものである。

最近、ジェノヴァのイタリア技術研究所の研究者であるクリスティーナ・ベッキオ率いる研究グループが、感覚・運動の側面から自閉症を研究する新しい方法を開発するために、〈ｉＣｕｂ〉を使った研究を開始した。自閉症と診断された子供たちは、標準的に成長した子供とは異なる動きをする。研究者たちはこの前提から出発して、動きの違いを研究し、自閉症の子供の運動の仕方を修正しようと取り組んでいる。それによって運動制御だけでなく、他人の行動を知覚する能力、ひいては社会的な交流の能力にも影響を与えようとしているのだ。研究者たちは〈ｉＣｕｂ〉を用いて、「運動伝染」と呼ばれる現象を活用したいと考えている。これは

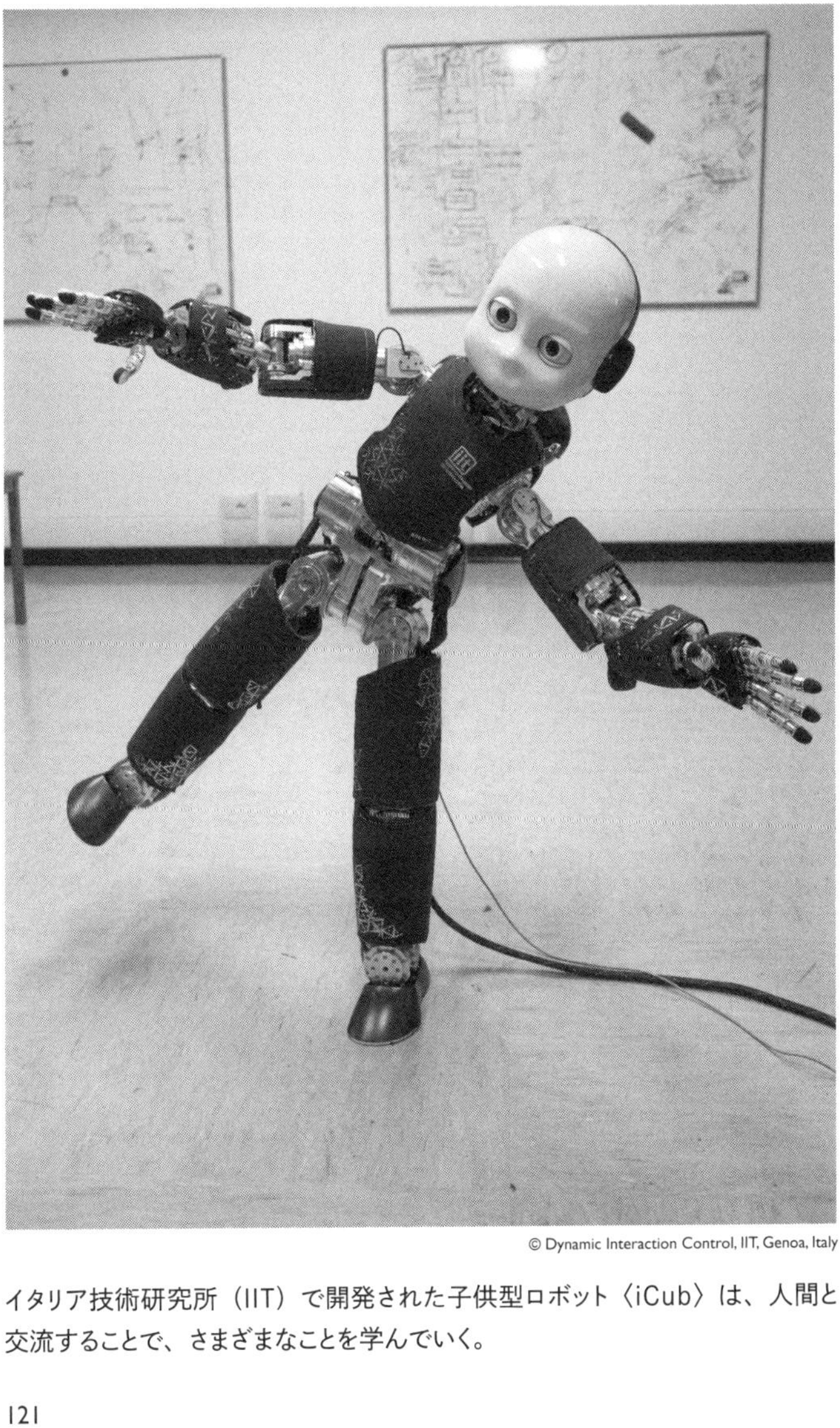

© Dynamic Interaction Control, IIT, Genoa, Italy

イタリア技術研究所（IIT）で開発された子供型ロボット〈iCub〉は、人間と交流することで、さまざまなことを学んでいく。

他者の動作を無意識のうちに真似するという現象である。標準的な発達をした子供の運動パターンに似た動きをロボットにやらせ、その運動が自閉症の子供たちに伝染し、彼らが同じように動くようになることを狙っている。

世界各地の最先端の研究室で開発された、形態も科学的な目的もさまざまなヒューマノイドやアンドロイドについて、まだまだたくさんのページを割いて語り続けることもできよう。この世界規模の研究を牽引している最も野心的な目標は、日常生活で具体的な手助けをしてくれるロボットを開発することである。つまり、家庭で、病院で、都市環境で役立つロボットだ。これを実現するまでの道のりはまだ長い。こうした非常にデリケートな領域では、ほんの少しのミスも許されないからだ。例えば、病人や虚弱な高齢者のサポート役として人間と交流することを任されたロボットは、一度たりともミスを犯してはならないのだ。

そうしたロボットたちは、人間のために、人間とともに行動するので、本質的に安全でなければならないし、もっと生物に似た機能を備えていなければならないだろう。そうした機能があれば、ロボットは不安定な状況に適応し、必要とあれば人間とやりとりできるようになる。そのためには、実際の環境の中で動ける機敏な体が必要となるし、高速で能率的な情報処理システムも必要となるだろう。そうしたシステムはウェブ（web）に代表されるような分散型データネットワークを活用することで実現できるかもしれない。

探査、環境モニタリング、救助活動、内視鏡、医療機器は、動物にインスピレーションを得て開発されたロボットの応用例のいくつかにすぎない。将来、人が暮らす環境に適応するロボットを開発する際に、バイオインスピレーションによるアプローチは、非常に重要な役割を担うことになるだろう。今日のロボット工学で最も広まっているトレンドは、そうした環境の中で、行動できる体を人工知能に取り付けることである。これは、将来に真の革命を起こすことになるのだろうか？　そう考えている科学者は多い。

別の生物がインスピレーションの源となったバイオロボティクス研究については、章を替えて取り上げるべきだろう。その生物とは、植物である。この緑の世界は、地球上のじっとして動かない、静かな部分だとされている。

でも、本当にそうなのだろうか？

7　植物は隣にいるエイリアン

もし地球にいるエイリアンを想像しろと言われたなら、私だったら植物を選ぶだろう。文学に目を向ければ、地球に襲いかかり、はびこっていく植物エイリアンが出てくる物語で溢れかえっているが、それは偶然ではない。最も興味をそそられる作品の一つは『ツリーズ』だ。これはウォーレン・エリス原作のSFコミックシリーズで、アメリカのイメージ・コミックス社から刊行されている。舞台は未来の地球で、そこに巨大な木の形状をしたエイリアンがやってくるというストーリーだ。「木《ツリーズ》」と呼ばれるこの巨大な円柱形の構造体は、地球のさまざまな場所に降り立ち、人々はパニックを起こす。だが、巨大構造体は、その場でじっと静かにしたままなのである。さまざまな登場人物の物語――舞台はニューヨーク、チェファル、中国、スヴァールバル島など――が並行して描かれ、それぞれがこの謎めいたクリーチャーと関わっていく。最初、人間はこのエイリアンを（言うまでもなく）動かない不活発なものとみなすが、実は予想をはるかに超える興味深い存在であることがわかってくる。例えば、有毒の臭気を出し、人間の営みにはまったく関心を示すことなく、足元で暴徒化している群衆を上から見物している。物語が進むにつれ、読者はチェファルのファシスト党の復活、アフリカでの内戦の勃発、中国で性転換しようとする人たちなど、一連の衝撃的な出来事を目の当たりにする。人間の悪徳と弱さが、この巨大な円柱形の構造体の影の中に広がっていくが、その構造体はそうした事態にこれっぽっちも関心を抱かない。

こうした展開だけでも、私の目にはこの作品は革命的に新しいものに映る。エリスは、私たちが慣れ親しんでいる役割をひっくり返している。つまり、人間が支配者であり、植物は人間に従属し、普通は注目に値しないとみなされている下級の存在だという役割を逆転させてみせたのだ。

単純な数字のデータを考えてみるだけで十分だろう。光合成を行なうことのできる単細胞生物という形で、最初期の植物が陸地に現れたのは、およそ四億五〇〇〇万年前のことだった。一方、ヒト科が登場したのは、わずか五〇〇万～六〇〇万年前のことであり、さらにヒト属が現れるのは、二三〇万〜二四〇万年前になってからである。したがって、本書の主役である植物は、明らかに私たちよりもずっと長い時間をかけて地上の生活に適応したのであり、まさにそれゆえに、植物の生存戦略は人間のものとは大きく異なるように見えるのだ。まさしくエイリアンのように。

もう一つSF作品を取り上げよう。ジェームズ・キャメロン監督のすばらしい映画『アバター』では、すべての中心に一本の木がある。物語の舞台は、アルファ・ケンタウリ星系の巨大ガス惑星ポリフェマスの衛星の一つ、パンドラである。この衛星の生物の暮らしは、原住民ナヴィが「魂の木」と呼ぶものを中心に営まれている*。この古《いにしえ》より存在する荘厳な「魂の木」は、闇に輝くピンクのつる植物が作り上げるしだれが驚くほど見事であり、魂、万物の本質、パンドラで最も神聖な生命体として崇拝されている。そして、あらゆる生物とつながり、大自然のバランスと調和を体現する母なる女神たるエイワ自体ともつながっている。

私はこの映画を二〇〇九年に映画館で観たが、映画の中でグレイス・オーガスティン博士が、

＊豆知識。ジェームズ・キャメロンがインスピレーションを得た木は実在する。日本の東京からさほど遠くない「あしかがフラワーパーク」にあるフジ属フジで、樹齢は一四〇歳を越える。四月中旬から五月中旬にかけて花を咲かせ、たくさんの紫色の花弁が垂れ下がる様子は実にすばらしい。

パンドラの無数の木々が互いに作り上げているネットワークを描写する際に使った言葉に衝撃を受けたのを覚えている。博士の説明によれば、個々の木々が近くの木々とつながり、人間の脳のニューロンが作り上げているものとよく似た、生化学情報をやりとりするネットワークを作り上げているのだ。これはまったくの空想なのだろうか？　ちょうどその頃、つまり今から約一〇年前に、イタリア技術研究所の私の研究グループは、ある野心的なプロジェクトに取り組み始めていたところだった。それは、植物にインスピレーションを得た世界初のロボットを作るというプロジェクトだ。当時は、世界中でバイオインスピレーションによるロボット開発が始まった時期で、私たちが「最初の種を蒔いた」ロボットは、数年後に〈プラントイド〉として実を結ぶことになる〈〈プラントイド〉については第2章で少し触れたが、第10章でさらに詳しく取り上げる〉。だから『アバター』での木々の生化学的なつながりの説明に衝撃を受けた。そして、それが実験室で得られた結果と明らかに酷似しているのに気づくと、その衝撃はさらに増した。事実、キャメロン監督の映画に登場する木々の根が作り出す空想上の地下ネットワークの性質は、植物が動き、コミュニケーションし、知覚する能力に関して私たちが収集していたデータと、奇妙なほどよく似ていたのだ。

　それ以前、私はサービスロボットの開発に取り組み、環境の質をモニタリングするセンサーを備えた自律型ロボットを製作していた。さらにそれまでの数年間は、生物物理学と、汚染物質が人間の健康と環境に及ぼす影響の研究を行なっていた。だが、ひとたび工学の世界に足を踏み入れるとわかったのだが、生活の質を向上させるテクノロジーを実現させようと取り組むことは、自分にとっても合っていたようだ。こうして私は同僚らとともに、空気と水の分析を行なうロボットを作り上げた。それは外部環境の中で行動できる自律型ロボットで、障害物を避け、獲得したデータを離れたところにいるオペレーターにワイヤレスで送信することができた。そして、地中を動きながら土壌を探査できるロボットを構想し、設計することになったとき、ヒントを得るためのモデルを探すなかで、植物に目を向けたのは自然な流れだった。事実、植物の根は、毛細血管のように地中にネットワークを形成し、表面から数センチ潜るだけで高い圧力と摩擦を受けることになる地下という極端な環境で動くことができるのだ。

だが、植物はロボット工学のモデルとして、本当に役に立つのだろうか？　前章で見たように、ロボットに求められる主な特徴は、まずは運動、それから速度、感覚能力、知能、制御能力であることが多い。どれも植物の特徴とは正反対ではないのか？

ある定義によれば、ロボットとは、環境を知覚し、その環境の中で、あるいはその環境に対して、意図的に行動することのできる人工装置である。また別の定義では、ロボットは物理的な体をもち、人工知能を備えたシステムだとされている。ＡＩは、ロボットに行動の意図を与え、どう振る舞うかを定める。簡単に言えば、インテリジェントなロボットとは、自律的に機能することのできる機械生物である。

だが、知能とは何か？　どのように定義できるのか？　普遍的な定義は存在せず、知能という概念はさまざまな文化によって（例えば、アジアや西洋）、またはそれを論じる学問分野によって（心理学、動物行動学、哲学など）、異なる意味を持ちうる。このテーマについて徹底的に論じるつもりはない。だが、この問題は、少なくとも一世紀前から議論されており、これに研究人生を捧げた哲学者や心理学者もいた。そうした議論によると、知能とは理解能力であり、概念的・理論的知識に関係する推論、判断、抽象的思考といった一連の心的機能を含むという。ただ、この定義は脳の存在が前提となっている。もっと一般的な定義では、知能とは生物が新しいもしくは未知の状況や問題にうまく対処し、解決するための能力だとされている。

一方で、生態学的・進化論的な観点からは、この概念は次のように定義することができる。知能とは、置かれた場や周囲の環境に応じて行動を調整し、与えられた状況に適応する個体の能力である。したがって、新しいもしくは複雑な状況に適応し、柔軟に行動することは、知能の発達を示す根本的な基準と思われる。では、植物を知的だと定義することはできるのだろうか？

植物は、たとえ極端な状況（例えば火事の後）でも、周囲の環境に適応できる生物であり、そこに生息する他の生物と相互作用をすることができる。前段落の知能の定義に基づけば、どういった結論が導き出せるか、考えてみてほしい。

だが、植物が知能をもち、周囲の環境に適応できるのなら、そうした植物の特徴をよりよく理解するために、ロボットは役立つのだろうか？　この問いは、〈プラントイド〉の開発を始めたときに私たちが自らに課した課題である。これについて、以降の章で見ていくことにしよう。

8　ロボット学者、偏見の壁にぶつかる

　これまでの章で見てきたように、バイオインスピレーションによるロボット工学は、生物の特質、とりわけ動物の特質を研究し、それを人工的に再現して、自然環境の中で効果的に作業できる自律型の機械を開発しようとしてきた。では、植物の生態にヒントを得たロボットを作り出すことは考えられるだろうか？　つまり、運動し、環境を知覚し、他の生物とコミュニケーションし、どの方向に成長するのかを決定するロボットを開発することはできるだろうか？

　今の私なら「はい、可能です」と答えられる。でも、ここまでの道のりは長く、歩み始めた当初は、偏見と困難にぶつからなかったわけではなかった。

二〇〇八年から、私は国際的な科学者コミュニティに向けて〈プラントイド〉のアイデアを発表するようになった。当初、会議や会合で、私が植物の特徴にヒントを得た土壌探査用の人工システムについて説明すると、聴衆の反応は冷ややかなものだった。一番多かった質問は、「よりにもよって、どうして植物なのですか？　モグラやミミズなど、土壌を非常に効果的に探査している動物がいますよ」というものだ。また「ロボットが役立つには、動いて、環境を知覚できなければなりませんが、植物にそんな真似はできません」ときっぱり否定する人たちもいた。

二〇〇九年、最初のバージョンの〈プラントイド〉（「植物の根に着想を得た革新的な土壌モニター用のロボット」）を欧州委員会に提案してみようと決めたときも、同じ偏見の壁にぶつかった。私たちが提案した研究は、植物の根に着想を得たロボットを開発しようとするもので、そうしたロボットは農業や環境モニタリングなどに広く活用できるはずだ。このプロジェクトのために私が組織した研究者グループには、国際的な名声を博している優れた科学者たちが大勢いた。例えば、フィレンツェ大学のステファノ・マンクーゾ。イタリアの有名な神経生物学者であり、数年前から私と彼は、植物の並外れた特質と、それを工学で再現する可能性について論じていた。さらには、スイス連邦工科大学ローザンヌ校のダリオ・フロレアーノ。進化ロボティクスの大家であり、バイオインスピレーションによる飛行ロボットを専門とする。さらにスペインから、カタルーニャ・バイオエンジニアリングセンターのジョセップ・サミティエール。センサーとマイクロシステムの国際的な専門家である。私たちのアイデアは、選考委員たちの徹底的に懐疑的な目に迎えられた。三年後の三度目の挑戦で、ようやく肯定的な評価を受け、最高得点を獲得した。こうして大変な労力を費やし、人生経験を積んだ末に、ついに私たちは出発点に立つことができたのだ。

植物への偏見、つまり植物の機能を劣ったものだとみなす偏見は、古代から根づいている。アリストテレスは『魂について』の中で、植物には成長、栄養摂取、繁殖を可能にする器官が備わっているので、たとえ単純なものであるにせよ、植物には魂がある、と主張している。この古代ギリシアの偉大な哲学者・科学者の考えによると、魂の特質は、生物の発達段階と直接に結びついている。したがって、植物には栄養摂取（植物的魂）、動物には感覚と運動（感覚的魂）、そして人間には知性（知性的魂）が備わっている。これらの特質は、互いに切り離されたものではなく、より複雑なものには最も単純なものが内包されている。

このアリストテレスによる植物の定義は、一七〜一八世紀の科学者たちの植物についての考えから、さほどかけ離れているわけではない。一八世紀に、当時の著名な博物学者ジョン・エリスが、近代的な生物分類法を作り上げたスウェーデンの偉大な研究者リンネに宛てた書簡の中で、ハエトリグサ（*Dionaea muscipula*）という肉食植物の特徴を記している。エリスはリンネにこの植物の詳細な絵を送り、ハエトリグサは実にすばやく動いて、ハエなどの獲物を捕らえて殺せるのだと述べた。そして絵に添えた説明で、それぞれの葉が、歯のついた小さなネズミ捕りのようになっていて、ハエなどの昆虫が葉のあいだに入り込むと閉じ、獲物が死ぬまで締めつけると記している。まさに食物を捕まえる機械だ。

プロテスタントであり、聖書の言葉に忠実なリンネは、ハエトリグサが肉食性であると信じようとはしなかった。なぜなら、「植物が昆虫を捕え、殺すことができるという考えは、神によって望まれる自然の秩序に絶対的に反している」からだ。リンネは著書『自然の体系』で、生き物を考察することによって、神の計り知れない完璧な設計を明らかにしたいと考えていた。リンネはエリスへの返信で『創世記』を引用し、神が植物を創造したのは、動物と人間がそれを食すためであり、その逆ではないと述べている。リンネは当時の最も権威ある植物学者であり、今日では肉食性だとわかっている属、例えばモウセンゴケ属（*Drosera*）、サラセニア属（*Sarracenia*）、ムシトリスミレ属（*Pinguicula*）、タヌキモ属（*Utricularia*）などを研究していた。それにもかかわらず、これらをはじめとする植物が肉食であると主張する植物学者たちを、神への冒涜だとして非難した。

それから一世紀後の一八七五年、チャールズ・ダーウィンが、『食虫植物』の初版を出版し

ハエトリグサ（*Dionaea muscipula*）は、獲物が葉の内側の感覚毛に触れると、1秒もかからずに葉を閉じる。

た。[*]この著作には、食虫植物の特徴が実に詳しく書かれている。特にモウセンゴケ（*Drosera rotundifolia*）、ハエトリグサ、ムジナモ（*Aldrovanda vesiculosa*）、ムシトリスミレ属、タヌキモ属を詳しく論じ、かつてエリスが直感していた肉食という性質について、初めて科学的に説明している。とりわけ重要なのは、この著作の出版にいたるまでにダーウィンがたどった道のりである。

ダーウィンは、死んだ昆虫が体内に含まれている植物がいくつか発見されたことを知っていた。特にウツボカズラ属（*nepenthes*）のことはよく知っていた。それは、英国の植民地が東アジアへと拡大し、この植物の生きた標本がたくさん本国に届くようになり、富裕層に非常に好まれていたためだ。一八六〇年、ダーウィンはサセックスとイーストボーンを訪れたとき、その地に自生するモウセンゴケを見つけ、この植物の研究に熱心に取り組んだ。その結果、リンネ協会で最初の研究報告を発表できるほどの成果が得られた。しかしながら、植物に関するリンネの言葉のせいで、一八〇〇年代後半になっても多くの植物学者は肉食の植物についてロをつぐんでいたので、ダーウィンはリンネの支持者たちから冷笑されるのではないかと恐れた。そのために彼は躊躇し、何年も後になってからようやくこのテーマの著作を出版した。ただしタイトルは『肉食植物』ではなく、『食虫植物』だった。

ダーウィンは、主に生物進化の研究で知られており、特に一八五九年に出版した『種の起源』で高い評価を受けている。だが彼は、植物学分野の著作を六冊、論文を七〇本ほど書いているし、ビーグル号の航海中に、二〇〇種類以上のガラパゴス諸島の植物の標本を集め、きちんとした科学的なやり方でリストを作成している。ダーウィンが進化と自然選択についての理論を深めることができたのは、まさしくこうした植物に関する緻密な研究のおかげだったのだ。事実、『種の起源』出版後に、このイギリスの自然科学者は、植物の知覚、コミュニケーション、運動能力について何冊もの本を執筆し、的確な仮説や考察を書き記した。それらは今もなお妥当であるとされている。

大急ぎで科学史を振り返ってきたが、ここからわかるのは、植物の世界が劣っているという偏見が昔から広まっていたこと、そして、実のところそうした偏見は、人間の知覚能力に限界があるせいで生まれたということだ。私たちの目に、植物の動きは見えない。なぜなら植物の運動は、地面の下（例えば、地中深くで成長する根など）や、目で捉えられないほどゆっくりとしたスピードで起こっていたりするからだ。植物の運動を知覚できないせいで、植物は動物

＊Charles Darwin, *Insectivorous plants*, John Murray, London, 1875. 第二版はダーウィンの死後の一八八八年に、彼が初版に書き残した自筆の訂正、追加、注釈をもとに、息子フランシスによって出版された。

や人間の単なる食料源ではなく、それ以上の存在なのだと科学的に判断するのは難しかった。こうした偏見によって、世界についての私たちの視野やものの見方は狭められ、長いあいだずっと制限され続けてきた。そして技術が進歩し、人間の目では不可能な観察を可能にしてくれる最先端の機器が生み出されてもなお、私たちの視野は狭まったままなのだ。

「いろいろな」目で植物を観察しようという意志とそうした観察力から、〈プラントイド〉のもとになるイノベーションが生まれる。動物にヒントを得たロボット開発のための動物研究では、通常いくつかの特徴が観察すべきものだとされている。〈プラントイド〉のための植物研究も、それを観察することから始まる。その特徴とは、運動、知覚、制御、コミュニケーション、スピードである。

植物はどのように動くのか? どうやって成長する方向を選ぶのか? どうしていくつかの植物は一秒もかからないほどすばやく動けるのか、それはどのように行なわれているのか? 植物は互いにコミュニケーションをとっているのか? もしそうなら互いに何を話しているのか? さらには、〈プラントイド〉には、植物の世界の何が取り入れられているのか?

それをこれから見つけに行こう。

9　見えない運動

想像してみよう。あなたはテーブルについていて、とても喉が渇いている。数メートル先には新鮮な水の入った瓶がある。取りに行こうとしても、どういうわけか立ち上がることができない。さあ、どうする？　すると、あなたの指が伸び始め、あなたと瓶のあいだの柱を越えて、貪欲に瓶をつかむ。これでようやく水を飲むことができた。しかしながら、『ファンタスティック・フォー』のミスター・ファンタスティックのように、体をゴムのように伸ばしたり変形させたりする能力をもっていなければ、これはただの空想でしかない。

地中でぐんぐん伸びて、水を探す根は、まさにミスター・ファンタスティックだ。光を目指して伸びていく枝のように、根は先端部分で新しい細胞を増やしながら伸び、四方に広がっていく。こうして成長し、生きているあいだずっと成長し続け、同時に自分の体と形態を、周囲の環境に適応させていく。植物は、運動と成長が結びついている唯一の生物なのだ。このため、生物学では、植物には高い可塑性があるとみなされている。可塑性とは、自身の体を形作り、その過程で体をあらゆるものに適応させる能力である。

植物の運動を初めて分類したのは、またもやチャールズ・ダーウィンとフランシス・ダーウィンの親子だ。彼らは、一八八〇年にマレー社から出版された重要な著作『植物の運動力』の中で、植物を動かない存在だとみなす一般的な考え方は間違いだと示し、植物の運動を異なる三つのタイプに分類している。第一のタイプは屈性運動だ。これは外的要因によって引き起こされる運動で、運動の方向が刺激源の方向と関連している（例えば、植物が太陽の方向に向かう運動）。それから、外的要因によって引き起こされるが、運動の方向が刺激源の方向とは無関係な傾性運動（光による花の開閉や、ハエトリグサの葉がすばやく閉じる運動）。三つ目は、回旋運動。これはチャールズ・ダーウィンによって初めて導入された用語で、根の先端や地上部分の先端といった植物の成長部位が、楕円もしくは螺旋状の軌道を描いて回転しながら伸びる、特殊な回転運動だ。後で取り上げるが、回旋運動はつる植物にとって重要な運動である。

本章では、根の成長と、それによって生じる地中での運動のメカニズムがどのようなものなのか、さらに掘り下げることにしよう。一方、回旋運動について、そして私たちがいかにして回旋運動を模倣したロボットを製作したかについては、第13章でさらに詳しく取り上げるつもりだ。

人間の目では直接観察することができないとしても、多くの植物種の根は、地下を何キロメートルも貫いて進み、ネットワークと下部構造を作り上げている。カイガンショウ（*Pinus pinaster*）の根を観察したことがあるだろうか？　非常に頑丈で、セメントを穿《うが》って進み、壁や建物の基礎を貫き、管を破壊し、道路の舗装をめちゃめちゃにできる。この止めることのできない激しい力と、樹木ならではのゆっくりとした速度は、どう両立しているのだろうか？

私はトスカーナのカスティリョンチェッロ村で暮らしている。小さいが素敵な村だ。そこは地中海灌木地帯に典型的な植物群が豊かであり、したがってマツも多い。村の道路は、文字通りマツに荒らされている。マツという植物は、他の樹木と競争しないように離れて、広い場所や草原で成長する必要があるのだが、しばしば街路や建物のそばに植えられている。このすばらしい樹木の根は、最初は主根が成長し、その後、地面の三〇～四〇センチメートルの深さのところで水平方向に広がっていく。そして、成長を止めようとはしない。

根は、非常に硬い土壌をも貫いて地中を進むことができるが、巧みなメカニズムを使って、前進するのに欠かせない押す力を少なく済ませることができる。根の先端部（つまり茎や幹から最も遠くにある部分）は「分裂組織」と呼ばれ、新しい細胞を増やすことによって成長する。この部分の細胞が有糸分裂[*1]を行ない、根は外部環境から水分を吸収することで伸びていくのだ。事実、根の先端からすぐ手前の部分は、分化途中の細胞組織で構成されている。つまり、より成熟し、特殊な機能をもつ形態へと移行する部分であり、このために「分化帯」と呼ばれている。分裂組織の細胞の拡大が、根が長く伸びていく最大の要因である。この現象によって下方への圧力が生み出され、地中で先端部分だけを動かすことが可能となる。これは、根の成熟した部分は動かないままにしておける緻密な戦略であり、そうすることで、根の動きの邪魔になる摩擦を大きく減少させることができる。こうしたメカニズムを要約すると、根の先端の細胞が分裂し、水分を吸収し、ついには根が伸びて、下方に向かう運動が生じる、ということだ。

根が地中を貫いて進んでいくプロセスでは、根の先端の手前の部分に生えている多数の細い毛も、重要な役割を果たしている。この毛は、土壌の粒子のあいだに入り込み、この根の部分をしっかりと地中に固定するのだ。さらには、根の先端が一定の深さに達するやいなや、根は放射状に伸びていく。それと根毛の産出とが相まって縦方向の力が生まれ、根がさらに深く地中を貫いていくことが可能となるのだ。この力はすさまじく、インゲン豆のような控えめなサイズの根でも、数キログラムの重さの物体を動かすことができる[*2]。

地中で成長する際に生じる摩擦を減少させるために、根は別の戦略も取り入れている。根の先端部分では粘液が分泌され、また死んだ細胞が剥がれ落ちて一種の防護膜となり、内側の組織を損傷から守っているのだ。さらには、この死んだ細胞の層が、根と土壌との境界面として機能し、外部との摩擦をさらに減少させている。私たちは、こうした自然現象にヒントを得て、最初のバージョンの人工根を開発した。[*3] 確かに、自然の根はもっともっと複雑だ。例えば、環境からの刺激を追ったり避けたり、あるいは障害物を避けたりするために根は曲がることができるが、それは根の各部分の成長の度合いを変えられるおかげである。つまり、根の一方の側と反対側の細胞組織を別々に増大させたり伸長させたりするよう調整することで、根は曲がることができるのだ。

私たちは何年ものあいだ、植物が行なっている運動を、さらに広範囲に再現できるロボットを開発してきた。動物にヒントを得た部門に比べると、この部門の発展がこれまで遅れていたことを考えれば、驚くほどの前進だ。人間の知覚の制約のせいで、植物の運動、特に根の運動を観察するのが難しいため、植物の感覚能力や決定能力についてはずっと研究できずにいたし、その結果としてロボット工学も、新しいロボットを開発するためのモデルとして、植物が利用できるとはなかなか認められずにいたのだから。

今日では、タイムラプスという撮影技術を利用することができる。一定間隔で撮影した静止画をつないで動画にするタイムラプスを使えば、運動を早送りのように加速させて、花や植物の驚異のダンスを楽しむことができるし、葉が日光を求めて回転する様子をこの目で見ることができる。また、夕暮れに開いたり閉じたりする花、地中で土に触れ、まるでミミズのように障害物を迂回していく根、[*4]格子に巻きついていくブドウのつるを観察することもできる。だがかつてはこうした観察は不可能だったし、できたとしても非常に難しかった。

私の研究グループが、〈プラントイド〉のプロジェクトに取り組み始めたとき、最初のステップとして何をしなければならないのかははっきりしていた。それは「観察」だ。タイムラプス技術、ゼラチンに似た透明な人工土壌、実験用の解析ツールのおかげで観察が可能となり、周囲の環境との相互作用や運動に関する植物の戦略を把握することができた。[(1)]その結果、植物が多様な運動を行なっていることがすぐに明らかになった。筋肉の収縮による運動ではないが、植物の運動はきわめて効果的なので、それゆえ、この緑の生物は地球上のあらゆる場所を隅々まで征服することができたのだ。植物が高速で動くことはめったにない（植物界では、オジギソウやハエトリグサのように、触れると一秒もかからずに葉を閉じるものや、ゴゼンタチバナ（*Cornus canadensis*）のように、秒速六〜七メートルの速度で花が開くものなど、せっかちな例はごくわずかしかない）。その一方で、植物は主に光、重力、接触、化学物質などの刺激に反応して動く。たいていの場合、こうした刺激には即座に反応する必要がない。植物がせっかちでないのはこのためだ。その結果、植物は動物とはまったく異なる進化の道を歩んできた。これほど異質であるからこそ、植物は私たち科学者が新しいオートマタを作るための最高のインスピレーションの源になってくれるのだ。

＊1　「有糸分裂」とは、真核生物の細胞の核分裂の様式の一つ。有糸分裂の後、細胞質分裂が起こる。全プロセスが終了すると、一つの細胞から二つの同一の娘細胞が形成される。

＊2　土壌の硬さに応じて根がどのように形を変えているかについては、チャールズ・ダーウィンが『植物の運動力』で明確かつ徹底的に論じている。

＊3　この仕組みについてさらに知りたい方のために、短いデモンストレーション動画を用意した。タイトルは「First Artificial Root Prototype」で、IIT Center: BSR Bioinspired Soft Robotics lab の YouTube チャンネルで視聴できる。

＊4　地中の根の運動とミミズの運動には、興味深い類似点がある。それについては私たちも実験室で研究を行なっている。ミミズは、陸生の環形動物門貧毛綱に属する動物（厳密には、無脊椎動物）である。簡単にミミズの身体構造を説明すると、体は柔らかく、体節と呼ばれる部位が集まって形成され、体腔と呼ばれる穴が体を縦断している。体腔には液体が満ち、静水力学的骨格を形成している。各体節には、四対の剛毛が生えている。通常その剛毛は後方を向いて生えていて、まさに植物の根毛と同様に、土の粒のあいだに入り込む。根と同じくミミズには足がなく、地中という雑多な物質からなる環

境の中で動く。土壌の圧力に打ち勝つため、ミミズは、体内に満ちた圧縮しない液体を活用して動くのだ。つまり、頭から尾まで縦に走っている筋肉を収縮させ、体を短く縮める。その結果、体節の直径は増大し、土に剛毛を差し込んで身を固定する。それから、体節を取り巻いている筋肉を縮めて体を伸ばし、地中を進むのである。一八八一年、チャールズ・ダーウィンは死の前年に『ミミズの作用による肥沃土の形成およびミミズの習性の観察』〔邦訳『ミミズによる腐植土の形成』ほか〕を出版した。地中のミミズの観察と、土壌を肥沃にすることにミミズが果たしている根本的な役割について、全ページが費やされている。ロボット工学の観点からすると、地中での動きに適した、土木工学で応用できるソフトロボットを将来開発するときに、ミミズはモデルの一つとなるだろう。もっと純粋に科学的な観点からすると、環境（この場合は地中）の物理的現象が、生物（特に植物の根とミミズのように、生物学的にかけ離れたもの）の適応戦略にどのように影響を与えるのかという点に、私たちは関心を抱いている。

10　プラントイド　ある革命の歴史

もし〈プラントイド〉の何より斬新な点を一語で言い表すなら、それは「可塑性」を備えていることだ。〈プラントイド〉は、モデルとなった植物の根とまったく同じように、成長して自分の形を変えることのできる、史上初のロボットなのだ。

いったい根ロボットはどのような仕組みなのだろうか？　本物の根と同じく、私たちが開発した人工の根の先端部分にも、地中のさまざまな要素（水、重力、温度、化学物質）を測定するセンサーと、障害物を避けるための触覚センサーがついている。センサーはそれぞれ「屈性」と関連づけられている。屈性とは、環境から受けた刺激が植物にとってプラスであるかマイナスであるかによって、植物の器官（ここでは、根）が刺激に近づいたり、遠ざかったりする運動のことだ。例えば、水分勾配に応答して水分の多い方向へ向かう成長は「水分屈性」といい、障害物を避ける植物の運動は「接触屈性」という。

しかし、〈プラントイド〉の真に革命的な面は、自然の中で植物が行なっているように、成長によって動くという能力である。この重要な特徴を再現するため、私たちは3Dプリンタを小型化し、ロボットの先端内部に組み込むことにした[1]。市販されている3Dプリンタは、作りたい物体の三次元の設計図が入ったファイルをコンピュータから受け取り、そのファイルを使って物体の各層を連続的にプリントする。つまり、物体が水平方向に「薄切り」にされて多数の層に分けられ、それらが次々にプリントされて積み重ねられていく。こうして、同じ物体が物理的に再創造されるのだ。一方、〈プラントイド〉の場合は、三次元構造を構築せよという指示は、外部のコンピュータから出されるのではなく、ロボットの内部から――すなわち、センサーが集めた情報に基づいて屈性が作動して――発せられる。それから、どのような仕組みで成長するのだろうか？　根ロボットの先端部にはモーターが組み込まれていて、温度で変形するプラスチック製フィラメントをリールから引き出す。フィラメントは歯車によって運ばれて先端部と接触し、抵抗器によって熱せられる。この抵抗器も先端内部に設置されている。フィラメントは熱せられると、柔らかくなると同時に接着性が生まれるので、先に生成されていた層に付着する。こうして層の上に層が次々に積み重なり、ロボットは成長し、自律的に自分の構造を作り出していくのだ。作り出されるボディは、内部が空洞になっている。このスペースは、光ファイバーなどの他のセンサーや電気コードを先端に向かって通すために使われる。そうすればロボットを特殊な用途のために応用することが可能だ。こうして私たちは自然の世界のものを人工のものに移し替えることができたのだが、それは、単なるコピーを作ることによってではない。根は圧力と摩擦を減らして地中で動けるが、私たちはそうした動きの根本にある原則を抽象化することで、同じように動く人工物を作り上げることができたのだ。その原則とは、「成長」である。

この目標を達成するために必要不可欠だったのは、その頃に世界規模で開発されていた、3Dプリンタのような革新的なテクノロジーだった。こうしたテクノロジーのおかげで、前人未到の斬新なアイデアに取り組むときには常に直面する、かの有名なテクノロジーギャップを越えることができた。レオナルド・ダ・ヴィンチの時代以降、いや、ダ・ヴィンチ以前でも、あらゆる発明家が直面せざるを得ないのは、時代に先んじすぎてしまうというリスクだ。そのせいで、自分の着想を進展させ、理論を実際に形にして検証することが、技術的に不可能な状況に陥ってしまうのだ。幸いにも、私たちはこうしたことにはならなかった。

根の成長に関しては、高い圧力と大きな摩擦のある地中のような極端な環境下で動くには、どのくらいの速度が必要となるのかを考えなければならない。私たちのロボットは、自然の根を越えるスピードで動くが（普通のトウモロコシ *Zea mays* は、時速一〜三ミリメートルの速度で動くが、私たちの根ロボットは、分速二〜五ミリメートルで動く）、速さはロボット自身にとって必ずしも有益ではない。地中では、大きな速度は摩擦を増大させ、エネルギー消費も大きくなる。それに加えて、本物の根と同様に〈プラントイド〉の根も、環境を探査し、物理的勾配や化学的勾配に応答して追ったり遠ざかったりし、障害物を避け、異なるさまざまな刺激を調整し、まとめなければならない。その場合、速すぎる動きは理想的な条件ではない。

例えばオークやジャイアント・セコイアといった樹木は、とてつもなくゆっくりと時間をかけて成長する。そのほか、イトスギ、オリーブ、プラタナス、セイヨウイチイも樹齢が数千年に達することもあり、生きているあいだは体の先端部分が成長し続け、変化していく状況に適応する。止めどない成長の極端な一例は、ブリスルコーンパイン（*Pinus longaeva*）というマツの一種である。この木には、およそ五〇〇〇歳に達しているものもいくつかある。そのなかで最も高樹齢の木がカリフォルニアのホワイト山地にそびえ立っていて、長寿ゆえに名づけられた名は、メトセラ〔訳注『創世記』に登場する一〇〇〇歳近くまで生きた長寿の人物の名〕だ！　何世代も経た葉、枝、幹、根の細胞の多くは死んでいるが、その代わりに分裂組織によって絶えず新たな細胞が生まれ、取り換えられている。したがって、この木の一部がおよそ五〇〇〇歳だとしても、先端部分を構成する細胞の大部分は、数歳でしかないだろう。これこそが樹木の永遠の生の秘密である。継続的に細胞を取り換えることによって、樹木は若さを保てるというわけだ。

私たちは、素材を次々に付け加えて先端部分を成長させるという方法で、この不老長寿の秘策を技術的に再現した。さらに、環境のさまざまな特徴に応じた速度の最適化、根の運動を導くことのできるセンサー、先端部に配置された分散型知能を導入した。植物の知能については、次章で説明しよう。

〈プラントイド〉を実際に見れば、これが植物をモデルとしていることはすぐに直感できる。基体はプラスチック素材の幹であり、内部には電子パーツが入っている。この幹はオリーブの木を思い起こさせる。オリーブはその樹形と黒い木目がすばらしく、私の大好きな植物だ。〈プラントイド〉の幹からは、先端にセンターのついた五本の根と、地上部分のパーツとして枝が生えている。枝には人工の葉がついているが、葉の素材もまた植物の組織にヒントを得たもので、空気中の湿度や温度の変化に反応する。例えば、特定の温度や湿度になると、マツカサは開いたり閉じたりするし、スペルトコムギの種子は地面の中に入り込む（これらは、最も有名な例を挙げたにすぎない）。どちらも、自分の体を構成する素材と空気の湿度との相互作用によって動くが、そのエネルギー効率のよさには驚かされる。さらに驚きなのは、これらすべての組織は死んでいて代謝をしていないのに、環境と相互作用をして動き続けているということだ。[*1] なんとも優れたエネルギー効率だ！　こうした運動は、人間も含めた大部分の動物が行なっている筋肉の収縮に基づいたものではない。植物は動物とは逆に、受動的な運動という べき戦略を発達させ強化してきた。受動的な運動は、環境から（例えば湿気や光という形で）入手できるエネルギーを活用し、自身のエネルギーを浪費することなく結果を得る。この意味で種子散布も、ある場所から別の場所へと移動するために植物が用いている運動戦略の一つと言える。

〈プラントイド〉の設計に取り組む際、私たちは植物の受動的運動の戦略を技術的に再現するため、素材の研究に焦点を合わせた。〈プラントイド〉の葉は、異なる特性をもつプラスチックを組み合わせて作られている。重ねられた薄い層のプラスチックが環境の湿気の変化に反応し、別のプラスチックが運動に変換する。このスマートマテリアルはセンサーとモーターの機能を同時に果たし、自然の葉とまったく同じように、空気中の湿気と相互作用して、それに応じた運動を引き起こす。こうして〈プラントイド〉の葉は、外界の湿度勾配に応じて、開いたり閉じたりするのである。(2)

さほど遠くない将来に実現したい私の夢は、自らの形態を探査環境に適応させつつ成長していく植物ロボットを作ることだ。このロボットは、カメラとセンサーを備え、人間にとっては危険な場所で、オペレーターとの交信を保ったまま活動することができるだろう。オペレータ

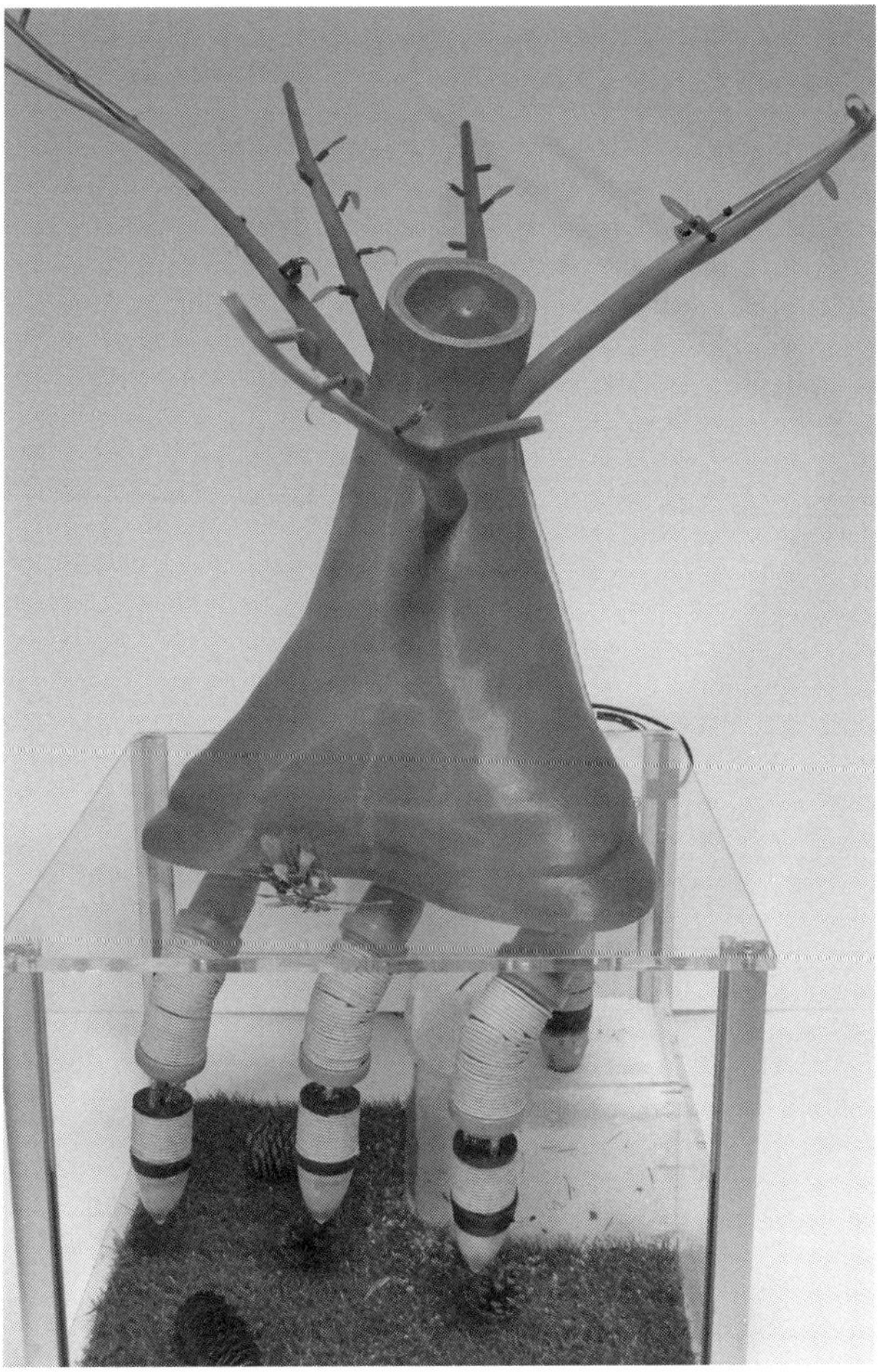

© Emanuela Del Dottore @ CMBR IIT

イタリア技術研究所（IIT）で開発された〈プラントイド〉は、幹、根、それから葉のついた枝を備えている。このロボットのヒントになったのは、植物と、その知覚能力、運動能力、分散型知能である。

ーは遠くの場所からロボットの動きを追う。このロボットは、きわめてさまざまな用途に応用可能だ。例えば、破片や残骸のあいだに入り込み、不安定な場所を探索したり、地中の考古学的な遺物を探したりできるだろう。先端に組み込むセンサー次第では、農業にも活用できるだろうし、[*2]水分、養分、汚染を探査する土壌のモニタリングにも使えるだろう。宇宙開発の分野では、私たちのロボットなら別の惑星の土壌探査も実行可能だし、他のロボットを係留《けいりゅう》するためにも利用できる。これは、自然界でも根が見事に行なっている作業である。医学分野では、〈プラントイド〉（さらに小型化したバージョン）は、非侵襲的で柔らかな内視鏡に応用でき、組織を傷つけることなく体内を動くことができるだろう。そして忘れてはならないのは、すでに本書の第5章に登場した〈マドレーヌ〉や〈サラマンドラ・ロボティカ〉をはじめとするたくさんのロボットたちと同じく、〈プラントイド〉も優れた研究用プラットフォームとなって、生物学の仮説を検証するのに使えるということだ。私たちの研究チームは、根の先端が成長する仕組みにヒントを得て開発した根ロボットと、似た形状をしているが上方から圧力を加えるタイプのロボットとを比較してみた。地中での運動では、先端が成長する戦略の方に利点があることを数量的に証明するためだ。この比較分析からわかったのは、先端が成長するタイプの方が、地中を貫いて進む速度は四〇パーセント増し、エネルギー消費は最大七〇パーセント少なくて済むということだった。(3) 結論として、私たちの根ロボットは、自然の根に比べると大き

© Silvia Taccola @ CMBR IIT

プラスチックでできた〈プラントイド〉の葉は、空気中の湿気との相互作用によって動く。

さと形の点では最良とはいえないが、それでもヒントを得た複雑な生物システムの機能性をできるだけ保ったまま、うまく単純化していると言える。

以降の章では、緑の王国の研究と発見の道へと読者を案内するつもりだ。これは、私の研究グループが未知の世界に挑み、史上初の植物ロボットを創造しようと決めたときに、歩き出した道である。

私たちがしなければならなかったのは、有能な警察の捜査と同じように、手がかりを集め、じっくりと監視を続け、容疑者の行動を詳しく調べることである。こうして私たちは自然界の優れた実験室の心臓部へと入っていった。自然は何千年にもわたって選択と適応の実験を続けてきたので、一連の複雑な問題に対して、人間の解決策とは大きく異なるさまざまな解決策を生み出してきた。体に分散された知能（例えば、植物の根の先端）から、静かな地中で生じているコミュニケーション（これについては次章で取り上げ、カナダのスザンヌ・シマードの瞠目すべき研究を紹介する）、さらには筋肉を必要としない運動という巧みな戦略まで、自然とその法則が生み出した優美で荘厳な発明は、私たちを感動させ、インスピレーションを与えてくれた。そして、自然界に敬意を払って研究することは義務であるばかりか、人類の進歩と生存のために必要不可欠だという私たちの確信は、さらに強まっていったのである。

＊1　コムギと栽培されているほとんどすべてのコムギ属の祖先である、野生のスペルトコムギ（*Triticum turgidum*）の穂を観察すると、まさに鱗片のような独特の形状をしていることに気づくだろう。その機能の一つが、種子（もしくは穎果《えいか》）が地中に潜り込む手助けをすることである。種子は代謝によって（つまり、エネルギーの活発な消費によって）地中に潜り込むのではなく、鱗片を構成する死んだ細胞組織の変化によって潜り込むのだ。環境中の湿気の変化に影響されて、組織の細胞壁内のセルロースのマイクロフィラメント（微小繊維）の配列が変化し、鱗片の屈曲を引き起こすのである。さらに、鱗片は毛で覆われているが、その毛の角度のおかげで、種子は地中方向だけに進むことができ、地面から飛び出してしまうことがない。こうした運動は、一日の湿度変化のサイクルによって引き起こされ、鱗片は種子を散布するために必要な可動性を手に入れるのだ。マツの雌花の球果、いわゆるマツカサの鱗片は内部にある種子を放出するために開閉するが、スペルトコムギと非常によく似た方法で開いたり閉じたりする。つまり、マツカサの死んだ組織が外界の湿度変化と相互作用することによって、開閉運動が生じるのだ。

＊2　〈プラントイド〉を農業に活用するため、最近私たちの研究グループは、トスカーナ州から資金を得て、SMASHというプロジェクトを立ち上げた。これは精密農業のためのロボットネットワークを作り上げることを目指したプロジェクトである。私たちは、実際の土壌の中で、特にブドウ畑の地中で動くことに最適化された〈プラントイド〉の開発に挑んでいる。

11 植物の知能

先入観なしに植物を観察することで、私たちはどのようにすればエネルギー消費の少ない新装置を設計できるかを学んだ。だがそれだけではない。典型的な人間中心の見方では、知能は中枢に集中して存在すると考えられているが、必ずしもそうでなくてよいことも学んだ。要するに、知能は必ずしも「脳」を意味しないということだ。情報の交換やコミュニケーションが、必ずしも言語を通して行なわれるわけではないのと同じである。

チャールズ・ダーウィンと息子フランシスは、『植物の運動力』の結論部で、植物の運動と下等動物の多くの行動がよく似ていることに驚きを禁じ得ないと述べている。さらにダーウィン親子の説明によれば、根の先端は植物の構造のなかで最も魅力的なもので、一種の脳として振る舞い（もちろん、非常に単純な動物の脳に相当するが）、特殊な環境要素を検知し、それに応答して、湿気や養分のある方向へ成長するように誘導することができる。つまり、それぞれの根の先端は、養分、競争、防御といった生存戦略に関わる決定を下すよう任された「指令センター」とみなせるのだ。結果として生じる振る舞いは、いわゆる「創発」である。つまり、あらかじめ定められているのではなく、植物と環境との直接の相互作用の結果として生じているのだ。ここで言う環境には、他の植物や他の有機体も含まれる。

植物における群知能と創発的行動

一般的に創発（あるいは集団的知性）とは、個々のエージェントが集まって行なう大量の単純な相互作用から、高度な振る舞いや配置が現れることである。別の言葉で説明しよう。基本となるエージェント（例えば、人間の神経系のニューロンや、コップに入った水の分子）が集まった集団を考えてみよう。集団の個々のメンバー（一つのニューロンや、水素や酸素の分子）は、特定の複雑な性質（コップに入った水なら、透明な液体という性質。ヒトの神経系なら、人間に典型的な自己認識という性質）をもってはいない。だが、こうした性質は、個々のメンバーが所属する集団の特質となって現れる。そのとき、こうした特質を生み出したのは「創発」と呼ばれる現象であり、集団の個々のメンバーあるいはシステムの個々の部分の相互作用によってその特質は生み出されたのだ。

生物学では長きにわたり、動物の創発的行動が研究されてきた。動物は時折この戦略をとって、個体で対応するのが難しかったり不可能であったりする問題を解決している。鳥の群れ、ミツバチの群れ、アリのコロニー、魚の群れなどに代表される動物の集団的知性についての研究はよく知られている。

空を飛ぶ鳥の群れが、互いに近づいたり遠ざかったりしながら奇妙で幻惑的な形を描く様子を見たことがあるだろうか？　数百羽の鳥たちは猛スピードで飛び交っているが、決してぶつからない。この巨大な群れは、リーダーの命令に従っているのではない。群れの各個体は、それぞれが同じ重要性をもち、集団内で同じ役割を担っている。群れを構成する鳥たち一羽一羽が、自分のすぐそばの鳥と同じ方向に進むように努めることで、信じられないほどうまく衝突を避けることができるのだ。このように飛ぶ理由はなんだろうか？　個々の鳥はこうすることで、捕食者からうまく守られていると感じている。捕食者は、集団の動きに混乱させられてしまうのだ。同じことが魚の群れでも起こる。個々の魚は他の魚たちのあいだに隠され、巨大な捕食者に食べられる可能性は減少するのである。同じように、ミツバチの群れとアリのコロニーについての研究もよく知られている。

社会的昆虫や動物の創発的行動の研究から得られた生物学的知見をもとに、一九九〇年代初頭にロボット工学とコンピュータサイエンスの新分野が誕生した。それが「群知能」研究である。一九九〇年にアリのコロニーを使って興味深い実験が行なわれ、意外な結果にいたった(1)。食料にたどりつくまでの距離が異なる二つのコースを用意し、アリがどちらを選択するかを実験したところ、多くの場合、アリは食料まで短い方のコースを選ぶ傾向があったのだ。どうやってそれがわかったのだろうか？　コロニーの各個体が何らかの形でコミュニケーションをとり、外界の情報を互いに伝え合っているのだろうか？　この実験結果は、創発的行動、つまり集団的知性が現れていることを示す完璧な一例である。大部分のアリは、フェロモンの分子を環境中に放出することで、コミュニケーションをとっている。このフェロモンが個々のアリにとって「メッセージ」となり、同じコースを通っていくように促すのである。[*1] もし一方の経路がもう一方よりアリにとって都合がいい（例えば食べ物に近い）なら、そちらがより多くのアリたちを引き寄せるので、さらに多くのフェロモン分子が放出されることになり、その道を選ぶアリの数は増加し続けていく。つまりこれは最適化問題なのだ。コロニーに属する一個体だけだったなら、この問題（二つの経路のうち、どちらが最適か？）をうまく解決できなかっただろうが、コロニーが全体として取り組むなら、容易に解決することができるのである。これは、中央集権的ではない組織行動だと言えるだろう。

群れ行動のメカニズムは、ロボット工学や人工知能の分野で研究されてきた。中央集権的な知能をもとにした古典的なアプローチに対抗し、創発的行動と分散知能という概念に基づいた新しいアルゴリズムを開発するためである(2)。群知能の最も魅力的な面は、その学際性である。つまり、創発的な知性に関する生物学的な研究から生み出されたモデルは、他のまったく異なる分野の問題に適用することができるのだ。例えば、スーパーマーケットにおける商品流通の最適化、市街地の交通状況の改善、人間集団の社会的行動の研究などに用いることができる。

したがって動物の創発的行動は、どこまでも広がっていく研究対象だと言えるだろう。きわめて多様な生物――細胞から、都市の歩行者にいたるまで――に幅広く、空間的・時間的な規模もさまざまに適用することができるのだ。だが、この研究分野においても植物は、長いあいだまったく注目されず、群知能や分散知能のモデルになりうるとはみなされてこなかった。植物における群知能についての研究が現れ始めたのは二〇一〇年頃のことであり、イタリアのステファノ・マンクーゾ、ドイツのフランティゼック・バルスカ（ボン大学）、スコットランドのアンソニー・トレワヴァス（エジンバラ大学）による研究が挙げられる。その数年後にイタリア技術研究所の私の研究グループは、こうした分散知能についての概念がもついくつかの側面を、〈プラントイド〉の行動モデルとして利用したのである。

植物について考えてみると、明らかに脳はなく、ニューロンもなく、それに類するものももっていない。だが、仮に脳をもっていたとしても、それが植物にとって、進化的により優れた解決策であるなどとどうして言えるだろう？　それどころか、植物に脳があれば、そこは捕食者から簡単に攻撃されやすい脆弱な部位になってしまうのではないか？　周囲の環境に適応し、それに合わせて体を形作り、姿を変化させ続けていくという植物の能力を、一つきりの脳でどうやって制御できるというのか？

実は、植物の無数の根の先端と、枝葉のついている部位は、自然における分散知能の最高の好例である。〈プラントイド〉の開発にあたり、私たちは植物の根の先端どうしで行なわれているコミュニケーションの研究から導き出された創発的行動のモデルを応用した。私たちの目には見えなくても、根は必要不可欠なたくさんの複雑な機能を果たしている。例えば、根が通っていく土壌の物理的な特性や化学物質についての情報を集め、その情報を使って、成長する方向を決定する。ミミズ、モグラ、または人工のドリルよりもわずかなエネルギーしか消費せずに地中に穴を開けることができる。根以上に効率的な地下探査システムがあるだろうか？〈プラントイド〉のどの根にも電子機器のマイクロコントローラが装備されており、決定を下し、行動に移すことを任せられている。その結果、周囲の環境を知覚した個々の根が「選択」することで、ロボットの根は事前に予測することのできない方向に成長していくのだ。そうし

© Emanuela Del Dottore @ CMBR IIT

人工の根は、周囲の環境の刺激（湿気、重力、接触、光、化学物質）に反応して動く。こうした運動は、生物学では屈性と呼ばれる。

た知覚を担うのが根の先端に組み込まれたセンサーで、水分や化学物質の濃度勾配を測定し、それに関連した屈性を計算する。(3)

屈性に加え、〈プラントイド〉には別の制御戦略も組み込んだ。これは植物にヒントを得たものだが、私たち人間にとっても基本的な概念である。それは、優先度を重視するという戦略だ。自然における根の成長の初期段階では、あらゆる植物が、自分のDNAに記されている優先性に従っている。例えば、重力には抵抗しない、障害物を避ける、水や窒素、リンといった必要なものを手に入れる、などだ。こうした優先度は、周囲の環境状況や植物が新たに必要とするものに応じて、絶えず変化していく。そこで、私たちはまず植物の振る舞いに見られるこうした優先度を分析し、それから植物の表現型に基づいた新しいアルゴリズムを開発し、ロボットに実装した。表現型とは、少々単純化して言うなら、遺伝子型、つまりDNAを構成するすべての遺伝子の総体と、環境との相互作用の結果だと言える。私たちのロボットにこのアルゴリズムを実装した結果、人工の根が必要な物質を求めて、根どうしで互いに調整しながら動くことができるようになった。これを可能にするメカニズムは、どんなものなのか？　先に述べたように、それぞれのロボット根は、先端に組み込まれたセンサーを通して地中のいくつかの物質を「感じる」ことができるし、屈性に基づいて、有益な刺激に向かって成長したり、そうでない刺激から遠ざかったりすることもできる。ロボットの根は本物の根のように、植物ロボットが何を必要としているかに基づき、ある物質よりも別な物質を選択し、その物質の方向へと進んでいく。例えば、植物は——したがって私たちの〈プラントイド〉も——水分が失われた水ストレスの状態になったり、カリウム不足になったりすることがある。その結果、不足した必要物質の入手が優先され、もし周囲の環境にその物質を検知したなら、その方向に動くことになる。その物質を吸収した後は、必要レベルは減少し、根はもっと優先度の高い別のターゲットを目指して進んでいく。そして、個々の根が各自入手した情報をもとに、個別に行動することから、創発的行動が生じる。膨大な数の根によってそれぞれ別の場所で獲得された情報が、他の根と相互作用することで一つにまとめ上げられるからだ。こうして植物（そしてその対応物であるロボット）を良好な状態に維持するのに必要な物質を、十分に手に入れることが可能となる(4)。

このように〈プラントイド〉は植物をモデルとして模倣し、根を伸ばしていく方向を、必要性に応じて自律的に決定する。そして、人間のオペレーターにワイヤレスで探索結果を送信することができる。つまりロボットが働き、人間が監視するのである。

植物にヒントを得た群知能の研究は、まだ始まったばかりだ。植物は、植物どうしで、また同一個体の異なる部位間で、さらには動物やバクテリア、菌類ともコミュニケーションをとっている。そうしたコミュニケーション能力の研究が起点となり、今後さまざまな新しいアルゴリズムが実装されていくだろう。今ようやく科学者たちが、研究の広がりを制限していた「緑の偏見」を乗り越えたところだ。研究はこれからどんどん前進していき、新たな発見が日常茶飯事になるだろう。

最近、有名な『サイエンス』誌に、日本とアメリカの生物学者チームの論文が掲載された[5]。このチームは、攻撃を受けている葉が、その植物の個体のまだ被害を受けていない部分に向けて警告メッセージを発信していることを突き止めたのだ。メッセージは化学的な信号を使って伝達されており、それは神経系をもつ動物が使っている仕組みそっくりだという。脊椎動物の神経細胞は、グルタミン酸と呼ばれるアミノ酸の助けを借りて互いに会話をしている。グルタミン酸は、中枢神経系では興奮性の神経伝達物質として働き、グルタミン酸受容体のチャネルを活性化させて、広い範囲での情報交換を促進する。興奮した神経細胞によってグルタミン酸が放出されると、グルタミン酸は近くの細胞に対してカルシウムイオン振動を引き起こす（カルシウムイオンの濃度が急激に上昇する）。この振動はすぐそばの神経細胞に向かって進み、今度はその細胞がその隣の細胞に信号を伝達する。こうして長距離のコミュニケーションが可能となる。葉についての新しい研究によれば、速度は劣るとはいえ、これと同じことが葉でも起きているという。

植物は、草食動物の攻撃を知らせる局所信号を知覚すると、この情報を体を縦断して伝達する。被害を受けていない部分の防御対策をすぐさま開始するためだ。研究者たちが研究に使ったのは、シロイヌナズナという小さな植物で、[*2]葉が切られるとグルタミン酸を放出することがわかった。それがきっかけとなり、引き続いてカルシウムイオン振動が起こるのである。特に、この現象が最初は傷口近くで生じ、その後広がっていき、他の葉に到達することが観察できた。つまりグルタミン酸は、植物に傷口ができたことを示す信号なのだ。イオンチャネル型グルタミン酸受容体がセンサーとして作動し、この信号を細胞内でのカルシウムイオン濃度上昇へと変換する。そして、カルシウムイオン振動は遠くの器官にまで伝わっていき、防御対策が開始されるのである。

植物の一部分が変化すると、その個体の他の部分に知覚されることは、すでに生物学者たちに知られていたが、どのように情報が伝達されるのかはわかっていなかった。このコミュニケーションの裏で化学的な仕組みが働いていることが、ようやく判明したのである。

緑のネットワーク

植物は、個体の各部分で相互にコミュニケーションをとっているだけでなく、別の個体とも会話を交わしている。カナダ人のスザンヌ・シマードはこれを実験で証明した。彼女はブリティッシュコロンビア大学の森林生態学の教授であり、森林科学の専門家である。

シマードは実験室で行なった研究で、マツの苗木の根が、別のマツの苗木の根に炭素を送ることができるのを確認した。そして、これが正しいことを実際に野外で証明しようと考えた。この地下の伝達は、自然の中でも起こっているのだろうか？　この疑問に答えるため、このカナダ人科学者は森に赴き、八〇本のダグラスモミ（ベイマツ）とシラカバを使って実験を行なった。そして、この二つの植物種は互いに助け合い、地中で情報を交換していることを発見した。(6)

シマードが用いたのは、炭素14（放射性同位体で、放射線を出す）のガスを注入したカバと、炭素13（化学的性質は同じだが、安定同位体なので放射線を出さない）のガスを注入したモミだ。実験の目的は、この二種が双方向のコミュニケーションをとっているかどうかを突き止めることだった。実験では、カバとモミの放射線量を測定した。樹木は、光合成を通して二酸化炭素を吸収し、それを糖に変え、自分の根に送る。シマードの仮説は、この二種の植物それぞれが、炭素を自分のためにとどめておくのではなく、土壌を通して近くの植物に送っているというものだった。

注入してから一時間ほどで、放射線がどちらの種でも確認できた。カバにしか注入していない放射性同位体が、両方の種に拡散したということだ。つまり、これらの木が言わば会話をしている証拠だ！

スザンヌ・シマードの発見の最も驚くべき点は、二種の樹木のあいだで交換される炭素の量は一定ではなく、樹木の状態や季節に応じて変化するということだ。夏は、カバはモミから受け取るよりも多くの量の炭素を、モミに（特に日陰のモミに）送っている。反対に秋と冬は、モミがより多くの炭素をカバに送る。カバは落葉樹であり、寒い時期に葉を落とすので、光合成を行なうことができないからだ。

森の木々は互いに助け合い、協力し合い、一つのネットワークの一部になっていたのだ。今日では、この二種の樹木が窒素、リン、水、ホルモン、防御信号も交換し、相互の生存可能性を高めていることがわかっている。

このコミュニケーションを可能にしているのは「菌根」だ。これは地中の植物の根と菌類（真菌類）が結びついてできたもので、両者は相利的な共生関係を結んでいる。

菌類もすばらしい生物であり、一つの界（菌界）として分類されている。長いあいだ植物だと考えられてきたが、実際は動物のような従属栄養生物である。つまり、植物が光合成で行なっているような、無機化合物から有機化合物を合成することはできない。

私の一家にとって、菌類はいつも身近な存在だった。父は菌学者、つまりキノコの研究者で、私が小さい頃からキノコについていろいろ教えてくれた。「キノコは、森の生態系を健康に保つために必要不可欠な役割を担っているから、一度に全部のキノコを採ってはならないし、毒キノコも、間違ってそう思ったキノコも、壊してはならないよ」と父は言っていた。そうした昔ながらの常識に、スザンヌ・シマードの驚きの研究はまったく新しい意味をもたらしてくれたのだ。

私たちが普段目にするキノコ、つまり地面から出ている部分（子実体）は、実は生殖器官にすぎず、そこから菌糸もしくは菌糸体が伸び、地中に入り込み、植物の根と結びつき、菌根を作り出す。これは相利共生である。菌類は、自分では作れない有機化合物を根から受け取り、その代わりに根は菌類から、リンなどの無機塩類を受け取るからだ。無機塩類は、植物が光合成を行なうのに必要な物質である。[7]

菌根は、巨大な地下ネットワークを作り出している。私たちの足の下に存在する正真正銘の「別世界」だ。菌糸体を通して、さまざまな植物が互いに結びつく。モミとカバのように異なる種であってもだ。このネットワークは、数キロの範囲に広がって数百の個体が含まれることさえある。さらにスザンヌ・シマードは、最も古い樹木が「母木」、もしくは情報科学の用語を使えば「ハブ」の役割を演じていることを発見した。ハブとは、コミュニケーション・ネットワークの中心でデータを仲介する結節点のことだ。母木は、森の健康にとって根本的なものである。なぜなら、幼木に養分を与えるからだ。幼木は下生えの中で成長するので、光合成をして生きていくために必要な光が当たらない。そこで、一本の母木は他の数百本の木々と結びつき、菌根ネットワークを通して余分な炭素を送り、幼い木の生存可能性を四倍にも高めるのである。

森を愛するこの科学者の驚きの発見は、まだまだ尽きない。シマードは、母木が自分の子供を認識できるかどうかを実証するため、またもや放射性同位元素を使って実験を行なった。すると、「ハブ」がより大きく広がった菌根によって子供たち（つまり同じ種の最も若い個体）のコロニーを作り、それらに他の木々よりも多くの炭素を送って、根どうしの競争を減らしていることがわかった。地中により多くのスペースを残し、子供の根が広がっていけるようにするためだ。母木が傷ついたり死にかけていたりすれば、母木は幼い木に防御信号を送る。その後に受けることになるストレスへの抵抗力を増大させるためである。

まったく『アバター』も顔負けだ！

私はこれらの研究に完全に心を奪われた。こうした研究から、一つの事実がはっきり浮かび上がってくる。この数十年のあいだに多くの大陸で行なわれてきた大量の森林伐採は、木々がお互いや、他の地中の住民たちとのあいだで作り上げたつながりを壊してしまうということだ。山林や森の健康は、そうしたつながりに依存している。地球での私たち人間の生活は緑の王国の存立に固く結びついており、水・陸・空のあらゆる生態系はこの王国に依存している。そのことを私たちは忘れがちだ。

シマード博士の研究結果や、植物どうしや植物の一個体内でのコミュニケーション能力を調べた他の多くの研究者たちの成果は、私たちバイオロボティクスのエンジニアにとって、最適化アルゴリズムを作り上げる土台となる。そうした研究は、どうすれば探査中のロボットの効率を増大させられるか、活動に必要な時間とエネルギーを減少させられるかを教えてくれるのだ。

将来、〈プラントイド〉は人間の役に立つ機械となるだろう。その日が早く訪れてほしい。〈プラントイド〉は、数百万年前から私たちを静かに取り囲み、私たちの生活を支えてくれている魅力的な緑の生物の適応能力と探査能力にインスピレーションを得た、独自の形の知能を備えたロボットなのだ。

＊1　科学者たちは、アリの脳は小さいが、驚くほど高度だと主張している。昆虫の世界において、アリのナビゲーション能力は特に際立っている。大きなコロニーで暮らしているアリは、食べ物を見つけて、巣に持ち帰る必要がある。すなわち、しばしば食べ物を運びながら長い距離を進まなければならないということだ。したがって、定位能力は、種の生存に必要不可欠な性質である。しかしながら、非常に暑い環境に生息しているアリは、方向を決めるのにフェロモンは使わない。放出された分子がすぐ

に蒸発してしまうからだ。エジンバラ大学とパリのフランス国立科学研究センター（CNRS）の研究者たちの発見によると、そうしたアリが遠くまで食料探しをした後に、正しい経路から外れずに巣まで戻ってこられるのは、上空の太陽の位置を追い、それと周囲の環境の視覚情報とを組み合わせて方向を認識しているからだという（Schwarz et al., How Ants Use Vision When Homing Backward, in *Current Biology*, 6 February 2017, 27, pp. 401-407）。

＊2　シロイヌナズナ（*Arabidopsis thaliana*）は、植物の生物学的研究でよく使われるモデル生物である。非常に小さく、背丈は一〇～一五センチメートル、ライフサイクルは短く、発芽からわずか六週間で種子ができる。こうした特徴は、控えめなサイズと染色体の少なさ（わずか五つ）と相まって、この植物を理想的なモデル生物にしている。それゆえ、二〇〇〇年に植物として初めて、ゲノムが完全に解読された。

12 水の力

ここまで見てきたように、植物は生息環境に完璧に適応し、人間によく似た活動をする（動く、環境を知覚する、コミュニケーションをとる、探査する、問題を解決する、コミュニティの中で生きる、協力して相乗効果を生み出す）が、まったく異なる生物学的な基盤に基づいている。植物は、動物の世界とほとんど鏡写しの、進化のもう一つの選択肢を示している。人間や動物は、たいてい運動の速さをもたらす特徴が選ばれて進化した。それに対し、植物の世界での運動はのろいが、それによってとてつもない復元力を発達させてきたのである。

しかしながら、のろさは弱さを意味しない。根は繊細で華奢な構造をしているのに、その先端は、成長しながら周りの土壌に高い圧力を与え（マツを覚えているだろうか？）、非常に硬い地面や岩だらけの地面も貫くことができる。人間一人なら手持ち削岩機を使わなければできない仕事だ。この運動は、第9章で見たように、細胞の成長と、土壌に存在する水分を根が吸収することで可能となる。そして水分の吸収は、浸透[*1]を利用して行なわれる。

植物は、浸透現象の仕組みを利用して、さまざまな驚きの成果を上げている。植物の細胞には、動物の細胞にはない細胞壁が存在する。細胞壁は、細胞の外部を覆う殻のようなものである。基本的にセルロースからできていて、比較的硬い。この特別に頑丈な構造が植物の細胞を守り、支えているのである。細胞壁の下には、チャネルを通して細胞壁と接する細胞膜がある。細胞膜はフィルターの役割を果たしており、水と、細胞質内に存在するいくつかの選択された物質だけを通すのだ。水は細胞にとって根本的な役割を果たしている。水のありなしによって、細胞内の膨圧《ぼうあつ》が変化するからだ。

植物は組織内の水分量を管理できる。細胞の膨張－収縮を制御することで、運動（自由に動ける場合）もしくは力（狭くて動けない場合）が生まれるし、この両方が同時に生じる場合もある。専門的には、運動と力を生み出すメカニズムは、アクチュエーション（駆動）と呼ばれる。筋骨格が備わった動物では、アクチュエーションは筋肉の収縮によって生じる。

植物の運動の多くは、浸透現象による水の動きをもとにして行なわれているが、すばやい動きをする場合は、並行して別のメカニズムが手助けをする。例えば、ダーウィンが研究した食虫植物ハエトリグサの葉が閉じる運動がそうだ。この植物についてはすでに本書で取り上げている（第8章を参照）。獲物が葉の内側にある感覚毛を刺激すると、バネが弾んだかのように、一秒もかからずに葉が閉じる。これは、植物界で最もすばやい運動の一つである。罠が作動する速度は、アクティブな捕獲メカニズム（電気的、生化学的、力学的な事象が関わる）に左右される。また、先に述べた浸透作用に加えて、ハエトリグサの葉の双安定的な形態も、すばやく葉が閉じる動きに一役買っている。*2 つまり、毛が刺激されると、葉は凸状（外側に反り返った状態）から凹状（内向きに閉じている状態）へと、すばやく湾曲を変化させるのだ。だがそれだけではなく、葉の組織の弾性も、葉の運動の一要因である。ハエトリグサが最適な環境条件にあるとき（三五～四〇度の高い気温、強い直射日光が当たる場所）、葉の組織は水で膨らんで張りつめた状態になっているので、合図がありさえすればすぐに罠を閉じる準備が整っているのだ。

特にこの罠は、昆虫が二〇秒以内にもう一度毛に触れたときのみ閉じる。そうなると葉はますます獲物を締めつけ、逃げ出すチャンスを与えない。この二〇秒という間隔は、進化を遂げるなかで選ばれた数値であり、葉の罠が獲物を捕らえるのに最適な時間なのだ。少し単純化するなら、ハエトリグサは数を数えられると言ってもいいだろう！　この理由からも、チャールズ・ダーウィンはハエトリグサを「世界で最も驚きの植物の一つ」だと記している。

ハエトリグサは獲物を捕まえた後、動物の組織を分解・消化するのに必要な酵素を分泌する。こうして、ハエトリグサをはじめとする窒素の乏しい土壌に暮らす肉食植物は、成長に必要な物質を、餌食となった動物から手に入れられるのだ。とてつもない適応能力だ。獲物を消化し終えると、葉を再び開く段階になる。だが葉を開く動きは、浸透現象だけを利用したものなので、非常に遅い。開き終えるまで数時間かかるし、数日かかることもある。それに、かなりのエネルギー消費を必要とする。ひとたび葉が閉じれば、獲物が逃げないように、何としてもしっかりと押さえつけなければならないのは、こういうわけなのだ。もし獲物もいないのに何度も閉じていたら、食べ物から得られるよりも多くのエネルギーを消費することになり、この植物種はきっと絶滅していただろう。

私たち研究グループは、〈プラントイド〉を開発するため、植物の運動の秘密をテクノロジーに変換する方法を探した。そして作られたのが「浸透性アクチュエータ」という駆動装置である。

浸透性アクチュエータの開発の土台になったのは、ハエトリグサ、触れられるやいなやすぐに葉を閉じるオジギソウ、ネバネバした罠で獲物を捕らえるモウセンゴケ属、蕊柱《ずいちゅう》をもつトリガープラント（*Stylidium debile*）といった植物の驚きの運動についての研究だ。蕊柱とはおしべとめしべが一体化した柱状の器官で、花粉を放出するための引き金のような役割を果たしている。昆虫がトリガープラントの花にとまると、昆虫の重さが浸透圧を変化させ、その結果、およそ一五ミリ秒で蕊柱が弾かれたように飛び出てくる。こうして昆虫は花粉で覆われ、知らないうちに送粉者の役目を担うことになるのだ。

生物学、化学、物理学、それからもちろん工学の諸概念を手がかりに、こうした運動の背後にある諸現象の分析を深めていき、ついに私たちは浸透性アクチュエータを設計した。このアクチュエータを動かすのは、塩化ナトリウムの濃度が低い「部屋」から、濃度が高いもう一つの「部屋」へ移動する水の流れだ。だがこの仕組みを成り立たせるには、さらに膜を使う必要がある。水が通過すると膜が膨張し、化学的・物理的な現象を力学的なプロセスに変換し、運動を生み出すのだ。面積がわずか二〇平方ミリメートルの小さな膜が前方に突き出して、二キログラムの重さのものを持ち上げることができるというのは実に興味深い[1]。

このアクチュエータは、最初に充填した塩の「チャージ」だけで機能し、それ以上の燃料補給が必要ない。つまりエネルギー節約の点で、大きな利点があるのだ。

それに加えて、この浸透性アクチュエータを使った実験で、オスモライトがどのような役割を担っているのかを証明することができた。オスモライトとは、細胞質内で溶けているイオンなどの化学物質（例えば、塩化カリウム、グルコース、グルタミン）のことであり、その濃度によって浸透圧が調節される。これまで伝統的に、塩化カリウムは植物細胞の膨圧を発生させる主要因だとみなされていた。だが私たちの人工システムによる実験の結果、この物質の役割が重要なのは、浸透現象の最初の段階だけであり、グルコースやグルタミンのような他の成分が混ざっているおかげでこのプロセスは持続するということがわかった[2]。さらに、植物にとって水は、生理学的な面だけではなく、力学的な面でも重要な役割を果たしていることもわかった。水は、膨圧によって細胞を膨らませ、植物がまっすぐに立っていられる堅さを作り出せるし、浸透現象を通して運動を生み出したりできるのだ。

このようなエネルギー消費の少ない運動は、人工物の世界にとって、汲めども尽きぬアイデアの源泉である。私たちの開発した浸透性アクチュエータを改良し、実用化すれば、例えば皮膚の上に設置した機器から薬品を放出するためにも利用できるだろう。この機器なら、他にバッテリーや、ポンプやバルブからなる流体制御システムは必要ない。こうしたタイプの機器なら、占めるスペースや、作動に必要なエネルギーを大幅に削減でき、患者の生活の質を大きく向上させることができるだろう。

＊1　浸透とは、液体が半透膜を自然に通っていく現象のことである。塩化ナトリウム（普通の食塩）が溶

けた水溶液を例に、簡単に説明しておこう。専門的に言えば、この溶液では水が溶媒であり、塩が溶質である（厳密には、水に溶けて溶質となった塩は、ナトリウムイオンと塩化物イオンに分かれている）。二つの異なる濃度の溶液があるとしよう（すなわち、水中のイオン濃度が異なっている）。この二つの溶液のあいだに、水は通過するがイオンは通過できない膜を置く。すると、水は（まさしく濃度の違いによって引き起こされる）浸透圧の効果によって、濃度の低い溶液から、より濃度の高い溶液へと移動する。一定の時間が経過した後、二つの溶液の濃度は同一になるが、そのときまでは、水が膜を通過する力を利用することが可能だ。例えば、物体を移動させることもできるし、弾力のある容器を流れる水で膨らませ、それと同時に風船のようにその容器の剛性を高めることができる。

＊2

双安定的な仕組みでは、低エネルギーで安定した平衡状態が二つ存在し、その中間の高エネルギー状態とは区別される。ハエトリグサの場合、葉の閉じた状態から開いた状態へ移行する途中の段階では、非常に多くのエネルギー消費を必要とする。この肉食植物が獲物のいるときにだけ確実に葉を閉じる戦略をとっているのはそのためだ。獲物がいないのに偶然に何度も葉が閉じたりしていれば、この植物は死んでしまう。

13　よじのぼる植物ロボットを目指して

　子供の頃、私は、父が丹精して世話をしていた家庭菜園ですくすく育つズッキーニに心を奪われていた。ズッキーニたちは、日ごとにテリトリーを広げ、他の植物であれ何であれ、行く手にあるものすべてにしがみつき、よじのぼっていた。ズッキーニはこのフリークライミングをするとき、先端部の巻き毛のような構造を使う。いわゆる巻きひげだ。これを使って物体にしがみつき、枝の重さを支えるのである。

　あるとき、両親がしばらく家を空けたことがあった。そのあいだ、私が菜園の面倒をみなければならなかったのだが、いつしか混沌とした茂みに変貌してしまっていた。慌てて現場検証を行なった私は、二体のズッキーニが、上方には高く成長するためのスペースが少ないので、仲間の植物と光を奪い合うのを避けるため、小道の上を伸び、家の壁へとまっすぐ向かっていることに気づいた。そして、この二体のズッキーニは、互いにまったく並行に伸びていた。常に一定の距離を保ち、壁をよじのぼり、ついには突き出た水道管を見つけ、そこに巻きひげを巻きつけていた。

人間や他の動物と違って視覚をもたないというのに、どうやってこれほどぴったり一致した動きをし、うってつけの支柱を見つけることができたのだろうか？

植物は、固着性の生活、つまり地面に根を張る生き方をしているのにもかかわらず、養分を求めて動き、環境の刺激に反応し、障害物や危険になりうる状況を避けられるということが、今日では明らかになっている。これまで本書で取り上げてきた植物のさまざまな運動のうち、あらゆる植物種で観察でき、成長と固く結びついている運動がある。それは、回旋運動だ。

クライミングのプロ

回旋運動は非常に独特なタイプの運動であり、その発生と機能を初めて論じたのはチャールズ・ダーウィンだが、今でも議論のテーマとして取り上げられている。これは、垂直の軸の周囲で円形あるいは楕円形の軌道を描く運動で、植物の根でも地上部分でも見られる。この運動を引き起こす要因は、成長過程と、細胞の両側の伸長率の違いである。細胞の片側がその反対に比べて大きく伸びたり、よりすばやく成長したりすることによって、成長や伸長のより少ない方向へ曲がるのだ。その結果、先端部が回転する運動が生じる。ダーウィンは、すべての植物の成長部は絶えず回旋運動を行なっていると主張した。その運動は小さなものであることが多いにせよ、あらゆる植物で起こっているという。多くのつる植物では、この運動がはっきりと目立っているのがわかる。それは、体を支える支柱と接触する可能性を最大にするためだ。回旋運動では、曲がる角度はさまざまであり、一回転し終えるのに必要な時間も一定ではない。二時間のものもあれば四時間のものもある。また時計回りでも反時計回りでも回転することができ、逆回転できることも知られている。

ダーウィンは、回旋運動が他のすべての運動のもとになっており、内的要因によって制御されていると考えていた。その後の研究により、回旋運動の形態、大きさ、方向は、光、温度、化学物質などの外的要因にも影響を受けることがわかっている。さまざまな実験や数学的分析に基づき、回旋運動は重力の刺激に反応して引き起こされるとする説もある。しかしながら、宇宙で実施された実験で、重力を受けていなくても回旋運動は起こることが示され、ダーウィンの仮説が裏づけられた[1]。今日、最も信頼できる理論では、回旋運動は内的な仕組み（成長調節のアンバランスさから周期的な運動が生じる）によっても、重力に反応して下方へ成長する重力屈性によっても引き起こされるとされている。

植物の根については、回旋運動がどのような役割を担っているのか、まだ完全に明らかになったわけではない。だが、根が地中を貫いて伸びていく効率を最大にすることに役立っていると考えられる。この仮説をわかりやすく説明するため、簡単な例を挙げてみよう。夏のある晴れた日に海に行くとしよう。陽射しを避けるために、ビーチパラソルを持っていくことにした。それを砂浜に突き立てるときに、私たちは本能的に回転を加えるだろう。この回転運動は、棒を地面に突き立てる手助けとなるのだ。この運動は植物の回旋運動に似ているが、本質的な違いがある。植物の根は、上方から押されているのではなく、根の先端部が回転運動を実行しているのである。

この仮説を証明するために、私の研究チームは根ロボットを使って実験を行なった。回旋能力のある根とない根とで、貫く運動の能率を比較したところ、結果は一目瞭然だった。同じ成長速度で比べると、回旋能力を備えた人工根の方は、必要な力が八〇パーセントも少なかったのだ。(2)

この運動の戦略的な重要性を最も明らかにしてくれる植物種は、もちろんつる植物だ。幹をもたないので、エネルギーの大部分を使って、他の植物よりも速く光の方向に動くことができ

© 2017 Luciano Socci

つる植物はエネルギーの大部分を使って、他の植物よりも速く成長し、光を手に入れる。

る。そのために、しっかりと支柱にしがみつくことのできる独自の構造を発達させたのである。

居心地のいい構造物にしがみつくためのよじのぼり方によって、つる植物を最初に分類したのは、これまたチャールズ・ダーウィンだ。このイギリスの自然科学者は、このテーマだけで一冊の本を書き上げている。それが一八七五年に刊行された『よじのぼり植物の運動と習性』〔邦訳『よじのぼり植物』〕だ。この中で、ダーウィンはつる植物を四つのグループに分類した。まずは茎が弱く、支柱の周囲に体を巻きつかせなければ地面から立ち上がれない巻きつき型の植物。例えばインゲンマメやホップがこれに属し、茎の若い部分が大きな回旋運動をして巻きつく。それから、粘着質の組織をもっている貼りつき型。そして、葉、根、鉤を使ってよじのぼるタイプ。最後に、巻きひげを使って絡みつくタイプがある。ダーウィンは特に最後の二つのグループに魅力を感じていた。あたかも「眼」をもっているかのように、しがみつくべき支柱を識別しているからだ。さらに巻きひげは、支柱に触れると、よりしっかりとつかむために、支柱にぎゅっと巻きつく。この興味深い特徴は、高度な触覚能力によるもので、ブドウやカボチャといった植物で見られる。

植物がはなはだ敏感な触覚をもっていることはもはや確実であり、この説を裏づけるのは、ハエトリグサのような肉食の植物種だけではない。ハエトリグサについては、すでにこれまで本書で何度も取り上げたが、ダーウィンの大変なお気に入りだった。植物の触覚について、日常的な経験と比べて考えてみよう。前腕に糸を一本置くとする。それを私たちは知覚できるだろうか？　ある程度の太さがなければ、まったく何も感じない。人間の皮膚は二マイクログラム、すなわち一〇億分の二キログラムまでの重さを知覚できないからだ。しかし、ハエトリグサの感覚毛は、一マイクログラムよりも軽いものを知覚することができるし、イタリア語で「トゲカボチャ」と呼ばれているアレチウリ属（*Sicyos*）のつる植物は、わずか〇・二五マイクログラムの重さを感知し、反応することができる。植物の外表面は、人間の皮膚よりもはるかに敏感なのだ！

植物には触覚があるという考えを初めて論じたのは、ダーウィンの『よじのぼり植物の運動と習性』である。ダーウィンは、つる植物に無数の実験を行なった結果をこの書物で報告し、この植物が接触を感知できることをはっきりと示した。現在、エンドウの巻きひげは、片側が触れられたら三〇分以内に反応するが、最初の接触の後すぐに反対側が触れられたなら、反応しないこともあるとわかっている。加えて、巻きひげは平たいものに触れたり、水滴が当たったりした場合は反応しない。だが、その水滴に砂粒が混じっていた場合は、巻きひげは反応し、曲がるのである。

GrowBot　新たな挑戦

　とてつもない知覚能力、適応能力、運動能力をもつつる植物からヒントを得て、ポンテデーラのイタリア技術研究所の私の研究チームは、この植物を新しい生物モデルにし、成長して、よじのぼる新しいロボットの開発に取り組んでいる。このロボットは〈GrowBot〉と名づけられた。[*1] growは、生涯に渡って成長し続ける植物の能力を表し、botはロボットの略語である。

　分散された知覚と制御能力、成長による運動、脳がなくても示される決定能力。この適応能力を備えた新しいロボットの基礎となるのが、こうした特徴である。〈GrowBot〉は周囲の環境に適応し、成長するロボットであり、自分の形態をダイナミックに変化させる。〈プラントイド〉と同じくこのロボットでも、人間のオペレーターはこれがどんな形になるのかを事前に知ることはできない。なぜならこのロボットは、例えば考古学的な発掘作業や救助活動を行なっているとき、出くわす障害物や入り込む穴に応じて、形態を変化させるからである。

〈プラントイド〉と同じく、〈GrowBot〉の開発も、モデルとなった生物の動きや振る舞いの基盤となる原理の研究からスタートした。私たちが開発した最初の装置は巻きひげの形をしており、特にトケイソウ（*Passiflira caerulea*）を模倣した。これは常緑のつる植物で、パッションフラワーとも呼ばれている。私たちが作った人工の巻きひげは、円筒状の柔らかなボディ

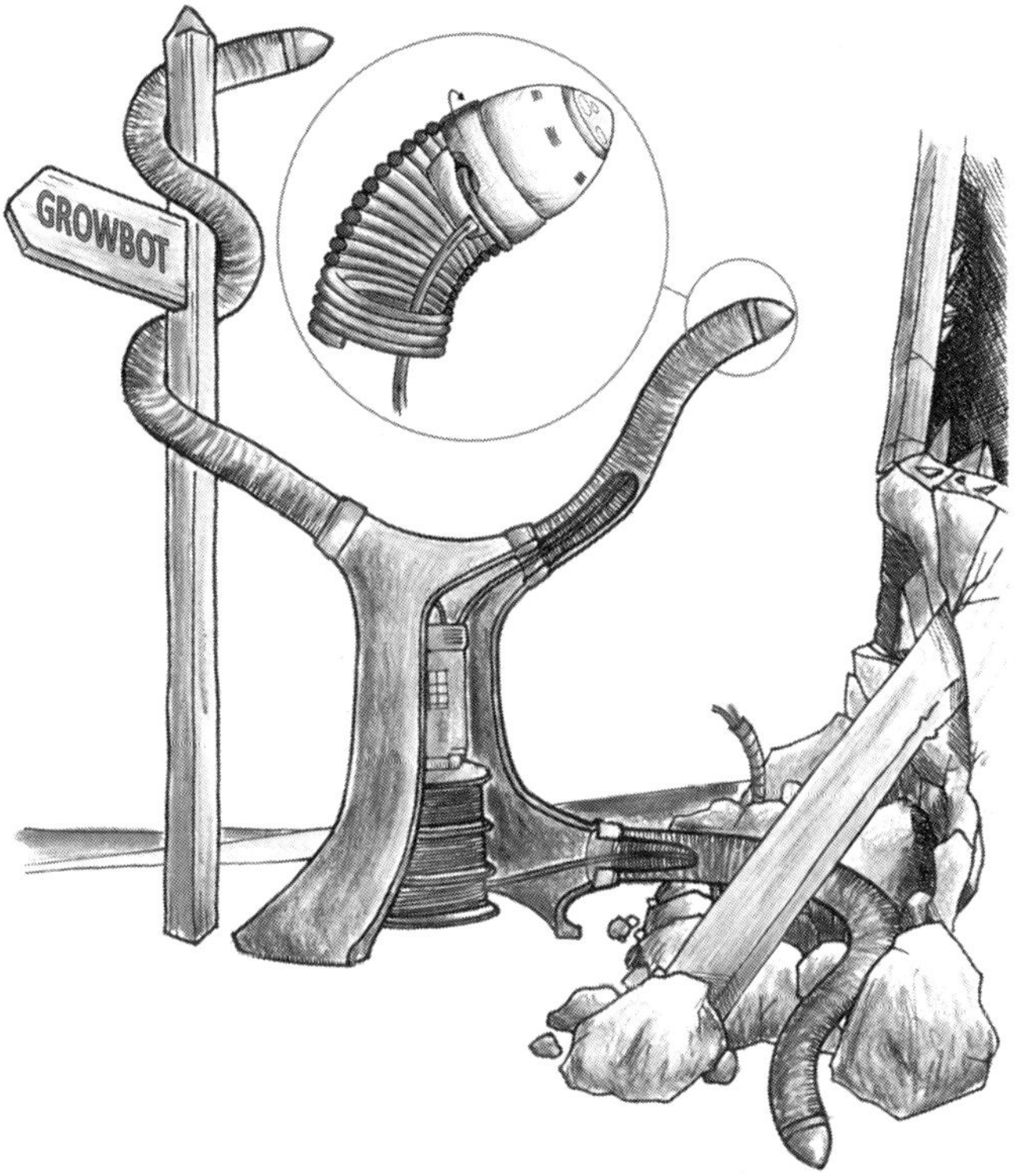

©Virgilio Mattoli e Barbara Mazzolai @ CMBR IIT

〈GrowBot〉は、イタリア技術研究所（IIT）で開発している新世代ロボットであり、つる植物からインスピレーションを得た。

でできており、支柱に巻きつくことができるし、そのあと最初の形態に戻ることもできる。このシステムは、体に組み込まれた浸透性アクチュエータと、内部で生じる水の流れによって動く(3)。これについてはすでに前章で説明した。

〈GrowBot〉プロジェクトの次のステップは、しがみつく表面や、しっかり身を固定する支柱を識別できるだけでなく、そうしながら成長し、周囲の環境に適応できるロボットの開発である。まさしく自然の中で本物のつる植物が行なっているように。

最近、私たちは別の人工システムも開発した。そのインスピレーションの源は、シラホシムグラ（*Galium aparine*）と、モノがくっつくというその構造である。この植物の葉の表裏それぞれの表面には、鉤状の毛が生えている。この微小な鉤《ホック》はさまざまな角度で生えていて、他のものに引っかかることができるのだ。その結果、つる植物のなかでもこの植物は、ありとあらゆる粗さや硬さの物体にくっつけるという唯一無二の能力を見せてくれる。そのため、この植物はイタリアでは「手ひっつき」や「服ひっつき」とも呼ばれている。この鉤の特質は、葉の表と裏で大きく異なっている。葉に生えている鉤状の毛の向きと、くっつく力が違うためだ。

野外観察をするとわかるが、「手ひっつき」の葉は、もっぱら裏側に生えている鉤を使ってくっついている。一方、葉の表側に生えている粗い毛の主な機能は葉を滑りやすくし、成長しながら動くのを容易にすることである。この鉤状構造のおかげで、シラホシムグラの葉は、周りの他の植物種の葉に比べ、しばしば有利な位置取りをすることができ、上方へとのし上がっていく。こうして光をよりよく浴びることができ、生存するのに十分な光合成が確実に行なえるようになるのだ。このため、「手ひっつき」は、寄生植物とみなされている。

　私たちは、まず葉の表面の観察から始めた。もちろん、自然環境でこの植物がどのような振る舞いをしているのか、葉を構成する素材がどのような力学的な特質をもっているのか、注意深く研究することも怠らなかった。こうして、この自然の鉤とそっくりの人工のホックを備えた構造物を開発した。これは、マジックテープ、木材、皮膚など、微小な凹凸をもつさまざまな粗面にくっつくことができる[4]。接着テープ「Geckskin®」のように（本書73ページを参照）、私たちは接着剤を必要としない接着性素材を完成させ、それをロボット工学やマテリアル科学で活用されるべき革新的な新素材として提案することを目指している。

　植物の世界と、それを真似しようと頑張っているロボットについて、ここまで大急ぎで紹介してきた。植物に対する既成概念とは大きく異なる見方を読者の皆さんに伝えたかったし、そうできたと思う。普通、植物は無防備で動かないもの、つまりは正真正銘「植物的」なものだとみなされている。だが、これは偏見にまみれた見方だ。そのせいで当然ながら、「植物的」という言葉は、誰もが知っているように否定的な意味で使われている。

しかし、あらゆる時代の偉人たちは、植物界を劣ったものとして見下すという根深い偏見を乗り越え、地球の緑色の部分を、インスピレーションと知識を与えてくれる重要な源泉だとみなした。レオナルド・ダ・ヴィンチは、目は魂の窓であり、それを通して私たちは自然の無限の作品を賛美することができると述べた。私たちは知識と技術の進歩の点でダ・ヴィンチの方法論に多くを負っているが、その基礎となるのが、自然現象の観察だ。彼は自然を支配するためではなく、そのメカニズムを理解するために自然を研究した。並ぶ者のないこの天才は、自然が創り出す作品に対して、溢れんばかりの尊敬と畏敬の念を抱いていた。自然の独創性は人間をはるかに凌駕しているので、自然に敬意をもち、そこから学ぶことが必要だ、とダ・ヴィンチは固く信じていたのだ。

チャールズ・ダーウィンをはじめとする過去や現在の多くの巨人たちと同じく、ダ・ヴィンチもまた植物学の研究に情熱を傾けた。当時、この学問分野は医術を補助するだけのただの記述作業にすぎないとみなされていたにもかかわらず、彼は長年、緑の世界の謎についての研究にその身を捧げた。私たち人間とは大きく異なるが、完全に地球に適応している、このエイリアンのような存在の謎に魅了されていたのだ。

だがもしかすると、考え直してみるべきときがきたのかもしれない。植物と私たち、本当にエイリアンなのはどちらなのか、と。

＊1　GrowBotは、「植物にヒントを得た、成長する新世代の機械の開発に向けて」という研究で誕生した。これは先進的な新興技術の国際研究を推進するFET-Proactiveから助成金を得たヨーロッパのプロジェクトである（研究プログラムは、FETPROACT-01-2018―FET Proactive: emerging paradigms and communities）。このプロジェクトは、二〇一九年一月一日にスタートした。

おわりに　点と点をつなげる

レオナルド・ダ・ヴィンチ、ガリレオ・ガリレイ、チャールズ・ダーウィンは、私たち二一世紀を生きる者にとって間違いなく、汲めども尽きぬ思索とインスピレーションの源だ。この三人の偉大なる巨匠は、それぞれ独自の多様な研究をしたが、ある一つの基本的な態度は共通していた。それは、さまざまな分野を横断して知識を得たいという渇望だ。この渇望に突き上げられた彼らは既成の枠組みを飛び出し、制約から解き放たれた知の探究へと乗り出したのだ。

ここまでの各章で、私たちはさまざまなものに出会ってきた。風変わりな動物、謎の能力をもった植物、今もなお科学者たちが懸命に挑んでいる自然の謎。そして、太刀打ちできない自然の独創性を目の当たりにしても、一歩も退くことのなかった勇気ある研究者たち。現代の科学知識は、専門分野ごとに高い垣根に囲まれて細分化されているが、昔は技芸と技巧を学ぶ工房で知識が生み出されていたので、多数の分野が混ざり合い、豊かな成果をもたらしていた。だから、矛盾しているようだが、ある意味では昔の方が現代よりも現代的だったと言える。実際、科学やテクノロジーの進歩が直面している難題を見れば、従来の枠組みや分断状態から脱却する必要があるのは明らかだ。生物からヒントを得たロボットを開発するには、多様な学問分野の力を必要とする。だからこそ、知を細分化し、互いに行き来できない各分野に閉じ込めているバリケードを撤去しなければならない。これは、現在の「学問分野」という概念を乗り越え、既存の知識の境界を越えて、その先へと探求を進めていくためには必要なことなのだ。

ソフトロボティクスが衝撃的に登場し、世界的に注目を集めている今、ロボットについての新しい展望が生まれようとしている。ロボットとは日常生活や家庭、工場、あるいは困難な環境の中で人間を助ける道具であるという見方はますます広がっている。きわめて絶望的な状況にある人を助け、変わりゆく環境に適応し、危険なエリア——例えば自然災害や爆発によってできた危険区域——で迅速に動き、一種の「歩兵隊」や「前線部隊」として活動し、状況の危険度や救助すべき生物の有無について自ら査定し、モニタリングすることができるロボット。そのようなロボットを自然からヒントを得て開発したいなら、多分野にまたがった科学的アプローチをとらないわけにはいかない。こうした目標はあまりにも複雑なので、何世紀にも渡る調査と研究によって人類が獲得してきた科学技術の知識をうまく組み合わせ、総合的に活用していく必要がある。

この新しいロボット工学が無理なく応用される分野としては、間違いなく医学が挙げられるだろう。ナノロボットは、人間の体内にいる微生物にインスピレーションを得て開発されたものであり、すでに医学分野の研究に革命をもたらしている。ナノロボットは、人の体内で非侵襲的に動くことができ、診断と治療の有能な道具となる。これは、世界中の研究者が現在取り組んでいるさまざまな大挑戦の一つにすぎない。

〈プラントイド〉も、医療に役立つ応用が可能だろう。先端に各種センサーを取り付ければ、病気の細胞を識別することができる。このロボットの根は直径およそ一〇ミリメートルで、内視鏡のように人の体内で移動することができる。根には柔軟性があり、成長しながら周囲の環境に適応することができるので、従来の医療器具よりもはるかに侵襲性が低い。外部から体内に挿入する必要のある従来の器具は、体内組織を歪めるので、患者に苦痛を与えてしまうのだ。

ロボット工学とＡＩの世界では、まだ数々の難題が私たちを待ち受けている。もっと効率のよいエネルギーシステム、環境に優しく持続可能な素材、学習能力、自然や人工的な生息環境への適応能力の実現にも取り組まなければならない。だが今日取り組むべき最も刺激的な課題は、この状況をどう捉えるべきか考えることだと私は思う。すなわち、私たちは、こうしたテクノロジーの開発に伴う真の責任を理解し、それを自分のものとして引き受けなければならないということだ。そのためには想像力を駆使し、そうした技術が将来、人々の生活と幸福に対し、どのような影響をもたらすのかを予測しなければならない。そして、その結果を踏まえ、長期的で包括的な戦略の展望を描いていかなければならない。

〈プラントイド〉が私に何よりも教えてくれたのは、いいアイデアだけでは不十分だということだ。批判的な分析、粘り強さ、決断力は、私たちが調査と研究を行なっていく上で重要な要素だ。だが何より重要だったのは、多様性と各分野の連携を高めることだった。異なる研究分野が交わり、一つの分野だけでは不可能だった成果をあげたときに、最大の進歩が達成されるのだ。

私は「生物学で学位を得て、生物物理学の研究を始めたのに、どういうわけでロボット工学の世界にたどりついたのですか?」という質問をよくされる。そんなとき、「すべて私の頭の中では計画されていたことです。子供の頃の夢は、木や巻きひげのような外見の機械を作ることでした」と答えることもできる。しかし、それだと嘘になってしまう。

スティーヴ・ジョブズは、スタンフォード大学の新卒者たちに向けた有名なスピーチの中で、点と点をつなげることの重要性について語った。「繰り返しになりますが、前を見ながら点と点をつないでいくことはできません。できるのは後ろを振り返って、つなぐことだけです。だから自分の将来にはなんとか点がつながっていると信じるしかないのです」。このすばらしい二〇〇五年のスピーチを聞いた後、私はしばらくのあいだ考えていた。私にとっての「点」とは何だろうか？　点と点をつないでできる模様はまだ隠れていてわからないが、それはどんなものなのだろうか？　決定的で確実な答えを手に入れたとは今でも思っていないが、これだけはわかっている。私のあらゆる選択の根底には、いつも自然と研究に対する強い情熱があった。環境と生態系の複雑性を研究したいと思い立ち、後に、それらをモニタリングして健全な状態を保護できる新しいツールを開発したいと望むようになった私の願望から、すべては生み出されたのだ。今はまだ不明瞭なアラベスク模様だが、いずれ点と点がつながって、はっきりと描き出されるだろう。

人間が環境に浴びせているあらゆるもの（同様に、人間が自然の生態系と人工的な生態系を醜悪にすること）が、私たちが食べる食物に、ひいては私たち自身や健康や幸福に甚大な被害をもたらすことを、これまで私たちは十分に考えてこなかった。人類の未来と私たち自身の生存にとって、環境の保護は重要な戦略なのだ。二一世紀の人々にこのことを気づかせるのが、科学の役目なのである。

私たちは、テクノロジーが「計画的陳腐化」とともに誕生する時代に暮らしている。つまり、消費を促進するため、製品が早死にするようにあらかじめ設定しておく産業的戦略に基づいて、テクノロジーが開発されているのだ。いまや私たちは、これ以上自然資源を無分別に利用し続けることはできないとわかっているし、環境汚染を起こさない、環境に優しいテクノロジーと再生可能エネルギーへの取り組みは、まさに将来の社会にとって鍵となるグローバルな課題の一つであることもわかっている。この点でも、植物は偉大なるマエストロである。事実、植物は、できるだけエネルギーを無駄遣いせずに、自分の生息環境で手に入る資源を活用できるように設計されているのだ。だが、それだけではない。最近、私の研究グループは、革命的な可能性を秘めた発見をした。植物が電気を生産できることを実験で証明したのである。とすれば、人類は自由に使える、文字通り緑のエネルギー源を新たに手に入れたことになる。それは完全に自然の生態系に組み込まれており、世界中で手に入り、地球のエネルギー問題を解決することに役立つエネルギー源である。

　高等植物（維管束をもつ植物）の葉の組織にはクチクラ層と呼ばれる一番外側の層と、その下の表皮の層からなる二重の層がある。それがコンデンサとして機能し、繰り返し触れられると電気を生み出すということが、最近発見された(1)。つまり、葉の表面が一定の物質と接触したときに電気が作り出されるのだ。同様の現象を体験したこともあるだろう。例えば、寒くて乾燥した冬の日に、ウールのセーターが電気を帯びたり、車から降りようと車のドアに触れるとビリッときたりするのがそれだ。葉の場合は「接触帯電」と呼ばれるプロセスにより、クチクラ層－表皮の二重の層が、葉の表面に電荷を移動させることで起こる。私の研究グループは、この自然現象を詳しく研究し、葉の表面の電荷が内部の異符号の電荷で補償されて内部組織に伝わり、この組織がケーブルの役割を果たして他の場所に電気を運ぶということを発見した。(2)したがって、植物の茎に「プラグ」を接続するだけで、発生した電気を集めて、電子機器の充電などに使うことができる。

実験室でのさまざまな実験でわかったのは、一枚の葉が生み出す電圧は、一五〇ボルト以上にもなりうるということである。これだけあればLED電球を一〇〇個同時に点灯させることもできる！　さらに、このシステムを使えば、植物経由で風を電気に変えられるということも初めて証明した。私たちは、柔らかいプラスチックのような人工素材でできた長方形の帯を、キョウチクトウ（*Nerum oleander*）の葉の上に置いた。風が葉を揺らすたびに、葉と帯がこすれ合い、その摩擦で電気が発生する。その電力量は、葉がこすれる頻度と葉の数に比例する。そのため、一本の木についているすべての葉の全表面を利用すれば、発電圧を増やせるし、一つの森をまるごと利用できれば、さらに増大させられるだろう。

もちろん、私たちはまだこの新しい挑戦を始めたばかりだ。だが、目の前に広がっているのは、数年前までは考えることさえできなかった光景である。それほど遠くない未来に、家の玄関に置かれたゴムノキの植木鉢にスマートフォンを接続して充電している自分の姿を想像すると、わくわくしてこないだろうか？

そして、行なうべき真に賢明ことはただ一つ、偉人たちの例に倣うことだと私は信じている。自分はダーウィン、ダ・ヴィンチ、ガリレオのような夢想家なのだと想像してみよう。私たちの視線を閉じ込めようとする柵を、枠組みを、地平を越えて、その向こうへと足を踏み出さなければ手の届かない目標を設定してみよう。歴史は私たちに教えてくれる。今日には夢のように思えることが、明日には現実で実現可能な解決策として論じられることになるだろう、と。

私たちが研究した発電する木の話に戻って、これを応用した、環境に悪影響のない未来のロボットを想像してみよう。このロボットは環境に優しい機械であり、必要なときに必要な場所で屋外活動をすることが可能で、植物が作り出したエネルギーを直に利用する。だが、この新しいロボットが、本当に環境に優しい持続可能性をもつには、二〇世紀のテクノロジーに典型的な計画的陳腐化を拒絶することも必要であり、管理し処理すべきゴミになるのを――少なくともあまりにも早くそうなるのを――止めなければならない。こうしたロボットを実現するには、生分解可能な素材や簡単にリサイクルできる素材の使用について議論してみる必要があるだろうし、もしかすると、再生可能な新素材を開発しなければならなくなるかもしれない。

当然ながら、情熱、好奇心、学び続けること、犠牲の精神、それから、ひとつまみの夢想は、

©Virgilio Mattoli e Fabian Meder @ CMBR IIT

植物の葉は、人工の物質によって適切な刺激を与えられたなら、電気を生み出せる。イタリア技術研究所（IIT）での研究で、1枚の葉が生み出す電圧は150ボルト以上であることがわかった。これは、葉が触れられるたびにLED電球を100個同時に点灯させるのに十分な電圧である。

研究に身を捧げる決意をした者にとっての根本的な必要条件である。だが、これだけではだめだ。まだ大事なことがある。技術的イノベーションと科学的進歩だけを、研究の目標にしてはならないということだ。今日、私はこれまでになく強く確信している。研究者は、社会にとって根本的なもう一つの役割の責任を負わなくてはならない、と。その責任とは、新しい世代を育成し、彼らの精神を開くことだ。そして、新たな知識を得ることが、他者や異質なもの、異なる形の生命体に敬意をもつことへとつながっていくように導いていかなければならない。

この目標はあまりにも夢物語で、あまりにも野心的すぎるだろうか？　そうかもしれない。だからこそ、目標として完璧なのだ。

謝辞

本書の完成は、ひとえに大勢の人たちのおかげである。協力してくれた方々に感謝したい。

一番にマリアンナ・アクイーノに感謝する。本書の執筆にあたり、彼女はプロの専門能力を生かし、惜しみなく力を貸してくれた。そして、魅力的で刺激に満ちた科学コミュニケーションの世界へと私を導いてくれた。

イタリア技術研究所（ＩＩＴ）の私の研究グループにも感謝したい。私とともに、夢と野望、努力とその報賞を分かち合ってくれた。感謝したい仲間はたくさんいる。そのうち、本書で取り上げた仕事に関わった数人だけ、アルファベット順に記しておく。ルチア・ベッカイ、エマヌエラ・デル・ドットーレ、カルロ・フィリッペスキ、イザベッラ・フィオレッロ、ヴィルジリオ・マットリ、ファビアン・メデル、アレッシオ・モンディーニ、アリ・サーデギ、エドアルド・シニバルディ、シルヴィア・タッコラ、フランチェスカ・トラマチェレ。このうちの何人かは、ロボット工学において植物について語ることが、まだほとんどタブーとされていて、今よりももっと失敗のリスクが高かったときでさえ、私を信じてくれた。エンマ・カッペッレリとルチア・フランチーニは、研究者たちが仕事に打ち込めるように日々のサポートをしてくれた。二人に感謝する。

友人たちや、未完成の段階の原稿を読み、助言してくれた全員に感謝する。その大勢のなかでも、特にリッカルド、ロレッラ、ルチアーノ、カルロ、フランチェスカ、エドアルド、マッテオ、ヴィルジリオ、エマヌエラ、ダニエーレに感謝する。

最後に、私の家族に感謝したい。順番は最後になったが、一番重要でないというわけではない。いつもさりげなく私のそばにいてくれて、暖かな心で私の人生をよりすばらしいものにしてくれる家族の皆に感謝する。特別な感謝をリッカルドに。人生と同じく、本書の執筆でも私を助け、支えてくれた。

私は、研究は芸術の一形式だと考える。芸術家と同じく、研究者も好奇心を抱き、常に既知のものを越えた新しいアイデアを実験しなければならない。

このため、本書のしめくくりとして、優れた芸術家であり偉大な友人であるフランコ・パオリの言葉を紹介し、読者への感謝の辞としたい。これは彼の娘パオラが最近私に贈ってくれた言葉である。パオラに感謝する。

「画家にとって、もしくは芸術全般にたずさわる者にとって、自分の作品を鑑賞する者、もしくはともかくも自分の作品と出会った者の関心を刺激し、感情を揺り動かすことは、実に喜ばしいことだ。それは鑑賞者と芸術家のあいだで起こる小さな奇跡であり、彼らの魂の片隅にそっと置かれた予期せぬ贈り物のようなものだ。機会があれば、たやすくその贈り物を見つけ、再び楽しむことができるだろう」（フランコ・パオリ、二〇〇二年）

訳者あとがき

「夢のある本」とは、まさに本書のようなものを言うのだろう。ここには夢がいっぱい詰まっている。だがそれは漠然とした夢ではなく、実現を目指して一歩一歩進むその先に、はっきりと見えてきている夢である。

本書の著者であるバルバラ・マッツォライは、IIT（イタリア技術研究所）のマイクロバイオロボティクスセンターのディレクターである。私がその名を知ったのは、以前、植物に関する本を訳したときだった（ステファノ・マンクーゾ『植物は〈未来〉を知っている』NHK出版、二〇一八年）。その本で取り上げられていた植物ロボット〈プラントイド〉には、とても興味を引かれた。動物ではなく植物型のロボットを開発するというのは革新的な試みであるし、〈プラントイド〉を火星の探査に活用するという計画には驚かされた。それは、火星に送られた無数の〈プラントイド〉が上空で撒き散らされ、大地に降り立つや根を地中に伸ばし、太陽光からエネルギーを取り出しながら土壌調査を行なうというものだ。まるでSFの世界ではないか！　現実と地続きの、手を伸ばせば今にも届きそうなリアルな未来。この計画は、これまでの火星探査の概念を大きく変えるものであり、新たな未来のヴィジョンを垣間見せてくれたのだ。

実は、その本の著者である植物学者ステファノ・マンクーゾと共同研究を行ない、〈プラントイド〉のプロトタイプを開発したのが、生物学者でありロボット工学者でもあるバルバラ・マッツォライだった。

だから、マッツォライが初めて一般読者向けに書いた科学ノンフィクションとくれば、期待せずにはいられない。期待に違わず、大いに刺激的な本だった。最先端の研究について語られているのに決して専門書ではなく、誰にでもお勧めできる。

本書『ロボット学者、植物に学ぶ』の原題は、「天才的な自然」である。自然は天賦の才を持ち、進化によって、環境に巧みに適合した形態や構造、機能を備えた生物を作り上げていく。その様はまるで天才発明家のようだ。そのため、人間は自然を真似することによって、革新的なテクノロジーを生み出すことができる。こうした方法論は「バイオインスピレーション」や「バイオミメティクス」と呼ばれている。この方法をロボット工学の分野で用いることで、動物の能力の原理を分析し、模倣し、それをテクノロジーに変換し、さまざまな動物ロボットが生み出されてきた。モデルとなった動物の特徴を備えたロボットは、その能力を生かしてさまざまな分野に役立てることができる。逆に動物ロボットは、モデルとなった動物の研究にも役立つ。自然から技術が生まれ、技術が自然を理解する助けとなる。この好循環から、人類の知はますます深まっていくのである。

だが模倣の対象は、動物だけなのだろうか？　そんなことはない。マッツォライが目をつけたのは、植物だった。

植物と動物、どちらが優れているかなどない。生き方が違うだけだ。植物はその場に根を張り、動物は移動する。そして植物は、脳による中央集権的な制御ではなく、分散された知能（特に根の先端に配置）による制御を行ない、成長することによって絶えず形態を変えていく。マッツォライは、こうした特徴を備えた植物ロボットの開発を目指し、植物へのさまざまな偏見や無理解にぶつかりながらも、それを辛抱強く乗り越えていく。

動物ロボットなら、それほど珍しくはない。人間型のヒューマノイドロボットも作られている。だが植物ロボットは、フィクションの世界でも見つけるのはなかなか難しそうだ。実際に作ってみようとするなど、さらにまれだろう。だからこそ、マッツォライによる〈プラントイド〉の開発は、科学界にとって革命的な事件だったのだ。

〈プラントイド〉は、現実の世界における革命であるとともに、イマジネーションの世界においても大きな影響を及ぼすだろう。本書刊行の同年、イタリアで『*Fanta-scienza*（空想－科学）』

(Delos Digital, 2019) という本が刊行された。ＩＩＴで先端研究に取り組んでいる研究者たちのインタビューと、その各インタビューに触発されて書かれたＳＦ短篇小説を収録したアンソロジーだ。実際の研究とそこから発想された小説を並べるという大変面白い企画であり、バルバラ・マッツォライもこの本の中で、植物の優れた能力と〈プラントイド〉について語っている。そして、マッツォライのインタビューからインスピレーションを得て、新鋭ＳＦ作家セレーナ・Ｍ・バルバチェットが「*Primavera*（春）」という短篇を書いた。ＡＩによる死者の精神の保存というテーマに、インタビューから得た植物の要素をうまく組み込んで、独創的な作品に仕上げている。

さらにイタリアのＳＦ界について言えば、近年「ソーラーパンク」と呼ばれるサブジャンルが注目されている。それは大雑把に言えば、人類は気候変動や環境破壊といった世界的災厄をいかに乗り越えていくのか、持続可能な文明はどうすれば実現できるのか、そのための新しいテクノロジー、エネルギー源、生活様式、社会制度はどのようなものになるのか、といった問いに対するイマジネーションによる挑戦である。これを現実の場で行ない、イマジネーションを現実に変えようとしているのがマッツォライだとも言えるだろう。

イマジネーションから現実へ、そして現実からさらなるイマジネーションへと繋がっていく好循環。それが希望の未来へと続いていく。いささか楽観的すぎるきらいはあるかもしれない。本書の副題の原題は「植物はどうやって、そしてどうしてこの惑星を変えるのか（救うのか）」というものである。環境破壊への強い危機感を持つマッツォライは、植物から生まれる新たなテクノロジーに期待を寄せる。だがそれだけではない。自分とは違う「異質なもの」(例えば、植物)に対して敬意を持つことが必要だと言う。それこそがバイオインスピレーションの倫理であり、テクノロジー開発をそうした他者への敬意に結びつけ、後に続く者たちを導く責任を自覚することが必要であり、それによって事態はよりよい方向に向かっていくと考えているのだ。マッツォライの楽観主義は、危機意識と科学者の責任、そしてイマジネーションが持つ力への信頼に裏づけられたものなのだと思う。

本書は、マッツォライの初めての一般読者向け著作であり、今後も植物ロボットについて紹介する本の刊行を期待したい。さらなる未来の夢を、実現を目指す夢を、ぜひ見せてほしい。

本書の翻訳にあたっては多くの方のお力をお借りしました。特に白揚社の阿部明子さんには大変お世話になりました。できるだけ読みやすいものにするために一緒に苦心してくださいました。この場をお借りして感謝を申し上げます。ありがとうございました。

2. Emanuela Del Dottore, Alessio Mondini, Ali Sadeghi, Virgilio Mattoli, Barbara Mazzolai, *An Efficient Soil Penetration Strategy for Explorative Robots Inspired by Plant Root Circumnutations Movements*, in *Bioinspiration & Biomimetics*, 2018, 13 (1), 015003.
3. Indrek Must, Edoardo Sinibaldi, Barbara Mazzolai, *A Variable-Stiffness Tendril-like Soft Robot Based on Reversible Osmotic Actuation*, in *Nature Communications*, 10, 2019.
4. Isabella Fiorello, Omar Tricinci, Anand K Mishra, Francesca Tramacere, Carlo Filippeschi, Barbara Mazzolai, *Artificial System Inspired by Climbing Mechanism of Galium Aparine Fabricated via 3D Laser Lithography*, in *Conference on Biomimetic and Biohybrid Systems*, 2018, pp. 168–178.

おわりに　点と点をつなげる

1. Yang Jie, Xueting Jia, Jingdian Zou, Yandong Chen, Ning Wang, Zhong Lin Wang, Xia Cao, *Natural Leaf Made Triboelectric Nanogenerator for Harvesting Environmental Mechanical Energy*, in *Advanced Energy Materials*, 2018, 8, 1703133.
2. Fabian Meder, Indrek Must, Ali Sadeghi, Alessio Mondini, Carlo Filippeschi, Lucia Beccai, Virgilio Mattoli, Pasqualantonio Pingue, Barbara Mazzolai, *Energy Conversion at the Cuticle of Living Plants*, in *Advanced Functional Materials*, 2018, 1806689.

Lucia Beccai, Silvia Taccola, Chiara Lucarotti, Massimo Totaro, Barbara Mazzolai, *A Plant-inspired Robot with Soft Differential Bending Capabilities*, in *Bioinspiration & Biomimetics*, 2016, 12 (1), pp. 015001.

4. Emanuela Del Dottore, Alessio Mondini, Ali Sadeghi, Barbara Mazzolai, *Swarming Behavior Emerging from the Uptake-Kinetics Feedback Control in a Plant-Root-Inspired Robot*, in *Applied Sciences*, 2018, 8 (1), p. 4.
5. Masatsugu Toyota, Dirk Spencer, Satoe Sawai-Toyota, Wang Jiaqi, Tong Zhang, Abraham J. Koo, Gregg A. Howe, Simon Gilroy, *Glutamate Triggers Long-Distance, Calcium-Based Plant Defense Signaling*, in *Science*, 2018, 361 (6407), pp. 1112–1115.
6. Brian J. Pickles, Roland Wilhelm, Amanda K. Asay, Aria S. Hahn, Suzanne W. Simard, William W. Mohn, *Transfer of ^{13}C between Paired Douglas-fir Seedlings Reveals Plant Kinship Effects and Uptake of Exudates by Ectomycorrhizas*, in *New Phytologist*, 2017, 214 (1), pp. 400–411.
7. Alessandra Pepe, Manuela Giovannetti, Cristiana Sbrana, *Lifespan and Functionality of Mycorrhizal Fungal Mycelium are Uncoupled from Host Plant Lifespan*, in *Scientific Reports*, 2018, 8, p. 10235.

12 水の力

1. Edoardo Sinibaldi, Alfredo Argiolas, Gian Luigi Puleo, Barbara Mazzolai, *Another Lesson from Plants: the Forward Osmosis-Based Actuator*, in *PloS One*, 2014, 9 (7), e102461.
2. Alfredo Argiolas, Gian Luigi Puleo, Edoardo Sinibaldi, Barbara Mazzolai, *Osmolyte Cooperation Affects Turgor Dynamics in Plants*, in *Scientific Reports*, 2016, n. 6, 30139.

13 よじのぼる植物ロボットを目指して

1. Alan H Brown, David K. Chapman, *Circumnutation Observed Without Significant Gravitational Force in Spaceflight*, in *Science*, 1984, n. 225, pp. 230–232.

Lopes, José Santos-Victor, Alexandre Bernardino, Luis Montesano, *The iCub humanoid robot: an open-systems platform for research in cognitive development,* in *Neural Networks*, 2010, 23 (8–9), pp. 1125–1134.

9 見えない運動

1. Andrea Russino, Antonio Ascrizzi, Liyana Popova, Alice Tonazzini, Stefano Mancuso, Barbara Mazzolai, *A Novel Tracking Tool for the Analysis of Plant-root Tip Movements*, in *Bioinspiration & Biomimetics*, June 2013, 8 (2), 025004.

10 プラントイド　ある革命の歴史

1. Ali Sadeghi, Alessio Mondini, Barbara Mazzolai, *Toward Self-Growing Soft Robots Inspired by Plant Roots and Based on Additive Manufacturing Technologies*, in *Soft Robotics*, 2017, 4 (3), pp. 211–223.
2. Silvia Taccola, Francesco Greco, Edoardo Sinibaldi, Alessio Mondini, Barbara Mazzolai, Virgilio Mattoli, *Toward a New Generation of Electrically Controllable Hygromorphic Soft Actuators. Advanced Materials*, 2015, 27 (10), pp. 1668–1675.
3. Ali Sadeghi, Alice Tonazzini, Liyana Popova, Barbara Mazzolai, *A Novel Growing Device Inspired by Plant Root Soil Penetration Behaviors*, in *PloS One*, 2014, 9 (2), e90139.

11 植物の知能

1. Jean-Louis Deneubourg, Serge Aron, Simon Goss, Jacques Pasteels, *The Self-organizing Exploratory Pattern of the Argentine Ant*, in *Journal of Insect Behavior*, 1990, 3 (2), pp. 159–168.
2. Marco Dorigo, Thomas Stützle, *Ant Colony Optimization*, MIT Press, Cambridge, Massachusetts, 2004.
   Eric Bonabeau, Marco Dorigo, Guy Theraulaz, *Swarm Intelligence. From Natural to Artificial Systems*, Oxford University Press, Oxford, 1999.
3. Ali Sadeghi, Alessio Mondini, Emanuela Del Dottore, Virgilio Mattoli,

105 (11), pp. 4215–4219; https://doi.org/10.1073/pnas.0711944105.
6. Jorge G. Cham, Sean Bailey, Jonathan Clark, Robert J. Full, Mark Cutkosky, *Fast and Robust: Hexapedal Robots via Shape Deposition Manufacturing*, in *The International Journal of Robotics Research*, 2002, 21 (10–11), pp. 869–882.
7. Sangbae Kim, Cecilia Laschi, Barry Trimmer, *Soft Robotics: A Bioinspired Evolution in Robotics*, in *Trends in Biotechnology*, May 2013, 31 (5).
8. Cecilia Laschi, Barbara Mazzolai, Matteo Cianchetti, *Soft Robotics: Technologies and Systems Pushing the Boundaries of Robot Abilities*, in *Science Robotics*, 2016, 1 (1), eaah3690.
9. Guang-Zhong Yang et al., *The Grand Challenges of Science Robotics*, in *Science Robotics*, 2018, 3 (14), eaar7650.

6 私たちに似た機械

1. Jamie D'Alessandro, *Hiroshi Ishiguro: «Vi racconto il mio gemello androide»*, *la Repubblica*, 21 novembre 2016.
2. Leonardo Giusti, Patrizia Marti, *Interpretative Dynamics in Human Robot Interaction*, ROMAN 2006 – The 15th IEEE International Symposium on Robot and Human Interactive Communication.
Iolanda Iacono, Patrizia Marti, *Narratives and Emotions in Seniors Affected by Dementia: A Comparative Study Using a Robot and a Toy*, ROMAN 2016 – The 25th IEEE International Symposium on Robot and Human Interactive Communication.
3. Margherita Fronte, *Robot che curano giocando*, in *Corriere della Sera / Salute*, 13 ottobre 2010.
4. Giorgio Metta, Giulio Sandini, David Vernon, Lorenzo Natale, Francesco Nori, *The iCub humanoid robot: an open platform for research in embodied cognition*, in *Proceedings of the 8th workshop on performance metrics for intelligent systems*, 2008.
Giorgio Metta, Lorenzo Natale, Francesco Nori, Giulio Sandini, David Vernon, Luciano Fadiga, Claesvon Hofsten, Kerstin Rosander, Manuel

2. Robert K. Katzschmann, Joseph DelPreto, Robert MacCurdy, Daniela Rus, *Exploration of Underwater Life with an Acoustically Controlled Soft Robotic Fish*, in *Science Robotics*, 2018, 3 (16), eaar3449.
3. Cecilia Laschi, Matteo Cianchetti, Barbara Mazzolai, Laura Margheri, Maurizio Follador, Paolo Dario, *Soft Robot Arm Inspired by the Octopus*, in *Advanced Robotics*, 2012, 26 (7).
4. Laura Margheri, Cecilia Laschi, Barbara Mazzolai, *Soft Robotic Arm Inspired by the Octopus: I. From biological functions to artificial requirements*, in *Bioinspiration & Biomimetics*, 2012, 7 (2), 025004.

5 進化の謎に挑む動物ロボット

1. John H. Long, Joseph Schumacher, Nicholas Livingston, Mathieu Kemp, *Four Flippers or Two? Tetrapodal Swimming with an Aquatic Robot*, in *Bioinspiration & Biomimetics*, 2006, 1 (1), pp. 20–29.
2. Fabio M. Petti, Massimo Bernardi, Miriam A. Ashley-Ross, Fabrizio Berra, Andrea Tessarollo, Marco Avanzini, *Transition between Terrestrial-Submerged Walking and Swimming Revealed by Early Permian Amphibian Trackways and a New Proposal for the Nomenclature of Compound Trace Fossils*, in *Palaeogeography, Palaeoclimatology, Palaeoecology*, 2014, vol. 410, pp. 278–289.
3. Thomas Buschmann, Alexander Ewald, Arndt von Twickel, Ansgar Büschges, *Controlling Legs for Locomotion – Insights from Robotics and Neurobiology*, in *Bioinspiration & Biomimetics*, 2015, 10, 041001.
4. Auke Jan Ijspeert, Alessandro Crespi, Dimitri Ryczko, Jean-Marie Cabelguen, *From Swimming to Walking with a Salamander Robot Driven by a Spinal Cord Model*, in *Science*, 2007, 315, pp. 1416–1420.
   Auke Jan Ijspeert, *Central Pattern Generators for Locomotion Control in Animals and Robots: A Review*, in *Neural Networks*, 2008, 21 (4), pp. 642–653.
5. Ardian Jusufi, Daniel I. Goldman, Shai Revzen, Robert J. Full, *Active Tails Enhance Arboreal Acrobatics in Geckos*, in *PNAS*, 18 March 2008,

Angelo Bifone, Barbara Mazzolai, *The Morphology and Adhesion Mechanism of Octopus Vulgaris Suckers*, in *PLoS One*, 2013, 8 (6), e65074.

7. Nir Nesher, Guy Levy, Frank W. Grasso, Binyamin Hochner, *Self-Recognition Mechanism between Skin and Suckers Prevents Octopus Arms from Interfering with Each Other*, in *Current Biology*, 2014, Jun 2; 24 (11), pp. 1271–1275.
8. Chris Larson, Bryan Peele, Song Li, Sanlin Robinson, Massimo Totaro, Lucia Beccai, Barbara Mazzolai, Robert Shepherd, *Highly Stretchable Electroluminescent Skin for Optical Signaling and Tactile Sensing*, in *Science*, 2016, 351 (6277), pp. 1071–1074.
9. Kellar Autumn, S. Tonia Hsieh, Daniel M. Dudek, J. P. Chen, Chaniga Chitaphan, Robert J. Full, *Dynamics of Geckos Running Vertically*, in *Journal of Experimental Biology*, 2006, 209, pp. 260–272.
10. Kellar Autumn, Yiching A. Liang, Tonia Hsieh, Wolfgang Zesch, Wai Pang Chan, Thomas W. Kenny, Ronald Fearing, Robert J. Full, *Adhesive Force of a Single Gecko Foot-Hair*, in *Nature*, 2000, 405 (6787), pp. 681–685.
Kellar Autumn, Metin Sitti, Yiching A. Liang, Anne M. Peattie, Wendy R. Hansen, Simon Sponberg, Thomas W. Kenny, Ronald Fearing, Jacob N. Israelachvili, Robert J. Full, *Evidence for van der Waals Adhesion* in *Gecko Setae*, in *PNAS*, 2002, 99 (19), pp. 12252–12256.
11. J.A.D. Ackroyd, *Sir George Cayley: The Invention of the Aeroplane near Scarborough at the Time of Trafalgar*, in *Journal of Aeronautical History*, 2011, p. 6.
12. Pablo Picasso, *Scritti. Tesi e documenti*, a cura di Mario De Micheli, SE, Milano, 1998, pp. 18–19.

4 自然の実験室

1. Jonathan E. Clark, Mark Cutkosky, *The Effect of Leg Specialization in a Biomimetic Hexapedal Running Robot*, in *Transactions of the ASME*, 2006, vol. 128.

MIT Press, Cambridge, Massachusetts, 1999.

3. Rodney Brooks, Cynthia Breazeal, Matthew Marjanovi, Brian Scassellati, Matthew Williamson, *The Cog Project: Building a Humanoid Robot*, in Chrystopher L. Nehaniv (ed.), *Computation for Metaphors, Analogy, and Agents*, in *LNCS*, Springer-Verlag Heidelberg, Berlin, 1999, n. 1562, pp. 52–87.
4. 書誌データベース Scopus の情報から
5. Barbara Mazzolai, Pericle Salvini, *On Robots and Plants: The Case of the Plantoid, a Robotic Artifact Inspired by Plants*, in *Plant Ethics*, Routledge, London, New York, 2018, pp. 221–230.
   Barbara Mazzolai, *Growth and Tropism*, in *Living Machines: A Handbook of Research in Biomimetics and Biohybrid Systems*, Oxford University Press, Oxford, 2018.
6. Thorunn Helgason, Tim J. Daniell, Rebecca Husband, Alastair H. Fitter, J. Peter W. Young, *Ploughing up the Wood-Wide Web?*, in *Nature*, 1998, vol. 394, p. 431.

3 インスピレーションを探し求める科学者たち

1. Jiulian F.V. Vincent, Olga A. Bogatyreva, Nikolaj R. Bogatyrev, Adrian Bowyer, Anja-Karina Pahl, *Biomimetics: Its Practice and Theory,* in *Journal of the Real Society Interface*, 2006, 3, pp. 471–482.
2. Otto Schmitt, *Some Interesting and Useful Biomimetic Transforms*, in *Third International Biophysics Congress*, 1969, p. 297.
3. 著者による翻訳
4. Daniel C. Wahl, *Bionics vs. Biomimicry: From Control of Nature to Sustainable Participation in Nature*, in *WIT Transactions on Ecology and the Environment*, WIT Press, 2006, vol. 87.
5. Francesca Tramacere, Nicola Pugno, Michael Kuba, Barbara Mazzolai, *Unveiling the Morphology of the Acetabulum in Octopus Suckers and Its Role in Attachment*, in *Interface focus*, 2015, 5 (1), 20140050.
6. Francesca Tramacere, Lucia Beccai, Michael Kuba, Alessandro Gozzi,

原注

はじめに　避けられないこと

1. *Dawn of the Age of Bots*, in *Scientific American*, January 2007.
2. *Rise of the Robots*, in *The Economist*, 25 March – 4 Apr. 2014.
3. Nick Gravish, George V. Lauder, *Robotics-inspired biology*, in *Journal of Experimental Biology*, 2018, p. 221.

1　すべてが始まった場所

1. Charles Darwin, *On the Origin of Species by Means of Natural Selection, or the Preservation of Favoured Races in the Struggle for Life*, John Murray, London, 1859 (trad. it. di Luciana Fratini, *L'origine delle specie*, Bollati Boringhieri, Torino, 2011)（ダーウィン『種の起源』、渡辺政隆訳、光文社古典新訳文庫、2009年ほか）
2. Robin Holliday, *Epigenetics: A Historical Overview*, in *Epigenetics*, 2006, 1 (2), pp. 76–80.
3. Gerda Egger, Gangining Liang, Ana Aparicio, Peter A. Jones, *Epigenetics in Human Disease and Prospects for Epigenetic Therapy*, in *Nature*, 2004, vol. 429.

2　新たな時代のロボット工学

1. John McCarthy, Marvin Minsky, Nathaniel Rochester, Claude Shannon, *A Proposal for the Dartmouth Summer Research Project on Artificial Intelligence* (31 August 1955), in *AI Magazine*, 2006, XXVII (4), aaai.org.
2. Rodney Brooks, *Cambrian Intelligence: The Early History of the New AI*,

13　よじのぼる植物ロボットを目指して

チャールズ・ダーウィン『よじのぼり植物』渡辺仁訳、森北出版、1991年

おわりに　点と点をつなげる

ユヴァル・ノア・ハラリ『ホモ・デウス』柴田裕之訳、河出書房新社、2018年

ウォルター・アイザックソン『スティーブ・ジョブズ』井口耕二訳、講談社、2011年

Federico Mello, *Steve Jobs. Affamati e folli. L'epopea del genio di Apple e il suo testamento alle generazioni future*, Aliberti, Roma, 2011.

エマニュエル・プイドバ『鳥頭なんて誰が言った？』松永りえ訳、早川書房、2019年

8　ロボット学者、偏見の壁にぶつかる

Charles Darwin, *Insectivorous Plants*, 1875.

Gustav Theodor Fechner, *Nanna, Oder, Über Das Seelenleben Der Pflanzen*, 1848.

ステファノ・マンクーゾ『植物は〈未来〉を知っている』久保耕司訳、NHK出版、2018年

9　見えない運動

チャールズ・ダーウィン『ミミズと土』渡辺弘之訳、平凡社ライブラリー、1994年／『ミミズによる腐植土の形成』渡辺政隆訳、光文社古典新訳文庫、2020年

チャールズ・ダーウィン『植物の運動力』渡辺仁訳、森北出版、1987年

オリバー・サックス『意識の川をゆく』大田直子訳、早川書房、2018年

11　植物の知能

Bert Hölldobler, Edward O. Wilson, *The Ants*, Harvard University Press, 1990.

Bert Hölldobler, Edward O. Wilson, *The Superorganism: The Beauty, Elegance, and Strangeness of Insect Societies*, W.W. Norton, 2008.

コンラート・ローレンツ『ソロモンの指環』日高敏隆訳、早川書房（ハヤカワ文庫NF)、1998年

ステファノ・マンクーゾ、アレッサンドラ・ヴィオラ『植物は〈知性〉をもっている』久保耕司訳、NHK出版、2015年

ペーター・ヴォールレーベン『樹木たちの知られざる生活』長谷川圭訳、早川書房（ハヤカワ文庫NF)、2018年

4　自然の実験室

Renato Bruni, *Erba Volant. Imparare l'innovazione dalle piante*, Codice, Torino, 2015.

Fritjof Capra, *Leonardo e la botanica. Un discorso sulla scienza delle qualità*, Aboca, Arezzo, 2018.

Carlo Cerrano, Massimo Ponti, Stefano Silvestri, *Guida alla biologia marina del Mediterraneo*, Ananke, Torino, 2004.

Roberto Danovaro, *Biologia marina. Biodiversità e funzionamento degli ecosistemi marini*, CittàStudi, Torino, 2013.

5　進化の謎に挑む動物ロボット

スティーブ・ブルサッテ『恐竜の世界史』黒川耕大訳、土屋健日本語版監修、みすず書房、2019年

スティーヴン・ジェイ・グールド『ニワトリの歯』渡辺政隆・三中信宏訳、早川書房（ハヤカワ文庫NF）、1997年

Karel F. Liem, William E. Bemis, Warren F. Walker, *Functional Anatomy of the Vertebrates: An Evolutionary Perspective*, Brooks/Cole, 2000.

6　私たちに似た機械

Roberto Cingolani, Giorgio Metta, *Umani e umanoidi. Vivere con i robot*, Il Mulino, Bologna, 2015.

Illah Reza Nourbakhsh, *Robot Futures*, The MIT Press, 2013.

7　植物は隣にいるエイリアン

エマヌエーレ・コッチャ『植物の生の哲学』嶋崎正樹訳、勁草書房、2019年

Warren Ellis, Jason Howard, *Trees: 1*, Image Comics, 2015.

Warren Ellis, Jason Howard, *Trees: 2*, Image Comics, 2016.

Pier Luigi Gaspa, Giulio Giorello, *Giardini del fantastico. Le meraviglie della botanica dal mito alla scienza in letteratura, cinema e fumetto*, ETS, Pisa, 2017.

2016年
Nicola Nosengo, *I robot ci guardano. Aerei senza pilota, chirurghi a distanza e automi solidali*, Zanichelli, Bologna, 2013.

1　すべてが始まった場所

チャールズ・ダーウィン『種の起源』渡辺政隆訳、光文社古典新訳文庫、2009年／『種の起原』八杉龍一訳、岩波文庫、1990年ほか
チャールズ・ダーウィン『新訳 ビーグル号航海記』荒俣宏訳、平凡社、2013年／『ビーグル号航海記』島地威雄訳、岩波文庫、1959年ほか

2　新たな時代のロボット工学

アイザック・アシモフ『はだかの太陽［新訳版］』小尾芙佐訳、早川書房（ハヤカワ文庫SF)、2015年
アイザック・アシモフ『われはロボット［決定版］』小尾芙佐訳、早川書房（ハヤカワ文庫SF)、2004年
ダニエル・チャモヴィッツ『植物はそこまで知っている』矢野真千子訳、河出書房新社、2013年
ニック・ボストロム『スーパーインテリジェンス』倉骨彰訳、日本経済新聞出版社、2017年
ルチアーノ・フロリディ『第四の革命』春木良且・犬束敦史監訳、先端社会科学技術研究所訳、新曜社、2017年

3　インスピレーションを探し求める科学者たち

ピーター・ゴドフリー＝スミス『タコの心身問題』夏目大訳、みすず書房、2018年
ウォルター・アイザックソン『レオナルド・ダ・ヴィンチ』土方奈美訳、文藝春秋、2019年
ドメニコ・ロレンツァ、マリオ・タッディ、エドアルド・ザノン『ダ・ヴィンチ　天才の仕事』松井貴子訳、二見書房、2007年

読書案内

以下のリストは、本書で取り上げたり、ちょっと触れたりした話題に興味を抱いて、もっと深く知りたくなった読者にお勧めの参考文献である。これらは専門家向けではなく一般向けであり、小説、コミック、古典作品も含まれている。私自身が楽しんだり、ヒントを得たりした作品ばかりだ。なかには絶版のものもあるが、いつでもインターネットや図書館で探すことができるので、特記してはいない。私がいつでも手に取れるようにナイトテーブルに置いているものもある。こうした文献を、読者の皆さんと共有したいと考え、関連する章ごとにまとめておいた。知りたいテーマの文献をすぐに見つけることができるだろう。さらには、ポンテデーラのイタリア技術研究所（IIT）のマイクロ・バイオロボティクスセンターが開設したYouTubeチャンネルに、私の研究チームが一連の短い動画をアップロードしておいたので、私たちの開発したロボットが実際に動いている様子を見ることができる。もっと詳しく知りたい方は、私たちのYouTubeチャンネル〈BSR Bioinspired Soft Robotics lab〉を訪れてほしい。

では読書と視聴をお楽しみあれ。

B.M.

〔訳注　邦訳があるものについては、邦訳情報のみを記した。〕

はじめに　避けられないこと

Enrica Battifoglia, *I robot sono tra noi. Dalla fantascienza alla realtà*, Hoepli, Milano, 2016.

ユヴァル・ノア・ハラリ『サピエンス全史』柴田裕之訳、河出書房新社、

バルバラ・マッツォライ（Barbara Mazzolai）

マイクロシステム工学の博士号をもつ生物学者。イタリア技術研究所（IIT）のマイクロバイオロボティクスセンターのディレクター。

2015年、ロボット研究者が集う最大の国際科学コミュニティ〈Robohub〉で「ロボット業界で知っておくべき25人の女性」の一人に選出されたほか、数々の賞を受賞。

植物の根に着想を得た世界初のロボット〈プラントイド〉を開発。

現在、GrowBotプロジェクトを立ち上げ、つる植物を持続可能なインテリジェントテクノロジーに変換しようと取り組んでいる。

久保耕司（くぼ　こうじ）
翻訳家。1967年生まれ。北海道大学卒業。
訳書にマンクーゾ『植物は〈未来〉を知っている』『植物は〈知性〉をもっている』（NHK出版）、ザッケローニ『ザッケローニの哲学』（PHP研究所）、トナーニ『モンド9』、マサーリ『世の終わりの真珠』（以上シーライト・パブリッシング）、パラッキーニ『プラダ　選ばれる理由』（実業之日本社）など多数。

ロボット学者《がくしゃ》、植物《しょくぶつ》に学《まな》ぶ
自然《しぜん》に秘《ひ》められた未来《みらい》のテクノロジー

二〇二一年七月二十七日　第一版第一刷発行

著者　バルバラ・マッツォライ
訳者　久保耕司《くぼこうじ》
発行者　中村幸慈
発行所　株式会社　白揚社　©2021 in Japan by Hakuyosha
〒101-0062　東京都千代田区神田駿河台1-7
電話03-5281-9772　振替00130-1-25400
装幀　bicamo designs
印刷・製本　中央精版印刷株式会社

ISBN 978-4-8269-0229-8

バイオハッキング

テクノロジーで知覚を拡張する

カーラ・プラトーニ著　田沢恭子訳

身体を「ハッキング」して知覚を操作する研究によって、ＳＦが現実になろうとしている。五感の研究、ＶＲ（仮想現実）やＡＲ（拡張現実）の開発現場で何が起きているのか？　いま最も刺激的な知覚科学の最前線。　四六判　４４０ページ　本体価格２７００円

テトリス・エフェクト

世界を惑わせたゲーム

ダン・アッカーマン著　小林啓倫訳

１９８９年、任天堂がソ連へ送りこんだ一人の男。目的はゲームボーイ版テトリスの発売権獲得。ソ連政府との駆け引き、日米英ライセンス争い、法廷闘争……史上最も売れたゲームの驚きの誕生秘話。　四六判　３５８ページ　本体価格２３００円

脳はいかに意識をつくるのか

脳の異常から心の謎に迫る

ゲオルク・ノルトフ著　高橋洋訳

うつ・統合失調症・植物状態の患者の脳が明かす、心と意識の秘密とは？　神経哲学のトップランナーが豊富な症例研究を基に提示する、心と脳の謎への新たなアプローチ。意識研究の新たな地平を示す画期的な書。四六判　２７８ページ　本体価格３０００円

スティーヴ・ヘイク著　藤原多伽夫訳　浅井武解説

スポーツを変えたテクノロジー

アスリートを進化させる道具の科学

一流選手が昔のシューズで走ると、タイムはどれほど遅くなる？　スポーツ道具はテクノロジーと共に進化してきた。革新的な技術や素材は競技をどう変えたのか？　スポーツ工学の第一人者が世界各地で検証する。　四六判　３９２ージ　本体価格２４００円

サミュエル・ウーリー著　小林啓倫訳

操作される現実

ＶＲ・合成音声・ディープフェイクが生む虚構のプロパガンダ

仮想空間での思想教育、リアルな偽の映像・音声による世論操作…感覚をハックするテクノロジーが民主主義を蝕み始めた。プロパガンダ研究の第一人者が、ＡＩ時代に直面する新たな問題を分析し、処方箋を提示する。四六判　３９８ページ　本体価格２９００円

経済情勢により、価格に多少の変更があることもありますのでご了承ください。
表示の価格に別途消費税がかかります。

デイヴィッド・デステノ著　寺町朋子訳

信頼はなぜ裏切られるのか

無意識の科学が明かす真実

〈信頼〉に関する私たちの常識は間違いだらけ。どうすれば裏切られないようになるのだろうか？　どうすれば信頼できるか否かを予測できるか？　誰もが頭を悩ますこれらの疑問に、信頼研究の第一人者が答える。　四六判　３０２ページ　本体価格２４００円

ターリ・シャーロット著　上原直子訳

事実はなぜ人の意見を変えられないのか

説得力と影響力の科学

人はいかにして他者に影響を与え、影響を受けるのか？　客観的事実や数字は他人の考えを変えないという驚くべき研究結果を示し、他人を説得するときに陥りがちな落とし穴を避ける方法を紹介する。　四六判　２８８ページ　本体価格２５００円

ダニエル・ネトル著　竹内和世訳

パーソナリティを科学する

特性５因子であなたがわかる

簡単な質問表で特性５因子（外向性、神経質傾向、誠実性、調和性、開放性）を計り、パーソナリティを読み解くビッグファイブ理論。その画期的な新理論を科学的に検証する決定版。パーソナリティ評定尺度表付き。　四六判　２８０ページ　本体価格２８００円

サム・キーン著　寒川均訳

空気と人類

いかに〈気体〉を発見し、手なずけてきたか

あなたが吐いた息から、大気の誕生、気体の科学がもたらした気球や蒸気機関、麻酔や毒ガス、ダイナマイトなど農業・産業・医療・戦争の革命まで、科学界きってのストーリーテラーが、空気に隠された秘密を解読する。　四六判　４５９ページ　本体価格２８００円

アナスタシア・マークス・デ・サルセド著　田沢恭子訳

戦争がつくった現代の食卓

軍と加工食品の知られざる関係

プロセスチーズ、パン、成型肉、レトルト食品、シリアルバー、さらには食品用ラップやプラスチック容器…身近な食品がどのように開発され、軍と科学技術がどんな役割を果たしてきたかを探る刺激的なノンフィクション。　四六判　３８４ページ　本体価格２６００円

経済情勢により、価格に多少の変更があることもありますのでご了承ください。
表示の価格に別途消費税がかかります。

美の進化

性選択は人間と動物をどう変えたか

リチャード・O・プラム著　黒沢令子訳

メスが美的感覚をもとに配偶者を選び、オスを改造していく――世界的鳥類学者が、華麗な鳥の羽から人間の同性愛やオーガズム、性的自律性の進化まで、従来の進化論では解き明かせない美と性の謎に斬り込む野心作。　四六判　４８０ページ　本体価格３４００円

家畜化という進化

人間はいかに動物を変えたか

リチャード・C・フランシス著　西尾香苗訳

オオカミをイヌに、イノシシをブタに変えた「家畜化」。人間の作った世界で、動物は野生の祖先からどのように変わったのか？　ゲノム解析など最新の科学知見を駆使し、家畜化という壮大な進化実験の全貌を読み解く。　四六判　５６０ページ　本体価格３５００円

家は生態系

あなたは２０万種の生き物と暮らしている

ロブ・ダン著　今西康子訳

玄関は「草原」、冷凍庫は「ツンドラ」、シャワーヘッドは「川」…家には実は様々な環境の生物がすみつき、複雑な生態系をつくりあげていた。「家の生態学」研究からわかった、屋内生物の役割とその上手な付き合い方とは？　四六判　４２２ページ　本体価格２７００円

酒の起源

最古のワイン、ビール、アルコール飲料を探す旅

パトリック・E・マクガヴァン著　藤原多伽夫訳

９０００年前の酒はどんな味だったのか？　トウモロコシのビールやバナナのワイン、大麻入りの酒、神話や伝説の飲み物など、世界中の摩訶不思議な先史の飲料を再現してきた考古学者が語る、酒と人類の壮大な物語。　四六判　４８０ページ　本体価格３５００円

ハナバチがつくった美味しい食卓

食と生命を支えるハチの進化と現在

ソーア・ハンソン著　黒沢令子訳

花粉を運んで受粉させ、様々な作物を実らせてくれるハナバチ。特定の花と共進化した驚きの生態、古代人類との深い関係、世界各地でハナバチが突然消える現在の危機まで、今こそ知っておきたいハナバチのすべて。　四六判　３２８ページ　本体価格２７００円

経済情勢により、価格に多少の変更があることもありますのでご了承ください。
表示の価格に別途消費税がかかります。